21世纪高等学校精品规划教材

数据库技术及应用开发学习辅导

李云峰　李　婷　编著

中国水利水电出版社
www.waterpub.com.cn

内 容 提 要

本书是与《数据库技术及应用开发》（李云峰、李婷编著，中国水利水电出版社出版）配套的辅助教材。本教材根据应用型普通高校数据库课程的具体要求和教学特点，在对该课程体系和知识结构深入研究的基础上编写的。全书共分 9 章，每章包括 4 个部分：第 1 部分为"学习引导"，内容为学习导航和相关概念的区分；第 2 部分为"习题解析"，内容为选择题、填空题、问答题、应用题；第 3 部分为"技能实训"，内容为实训背景、实训目的、实训内容、实训步骤；第 4 部分是"知识拓展"，内容为新一代数据库系统的形成、发展与应用，是对主教材教学内容的补充和拓展，主辅呼应，相得益彰。

本书与《数据库技术及应用开发》一起，构成了一个完整的知识、技能体系，融教、学、做于一体。

本教材既可作为高等学校计算机科学与技术、信息管理与信息系统、软件工程、网络工程及相关专业"数据库原理"课程的辅助教材，也可作为从事数据库课程教学的教师和从事数据库相关工作的技术人员的参考用书。

图书在版编目（C I P）数据

数据库技术及应用开发学习辅导 / 李云峰，李婷编
著． -- 北京 ：中国水利水电出版社，2015.3
21世纪高等学校精品规划教材
ISBN 978-7-5170-3015-7

Ⅰ．①数… Ⅱ．①李… ②李… Ⅲ．①关系数据库系
统－高等学校－教学参考资料 Ⅳ．①TP311.138

中国版本图书馆CIP数据核字(2015)第043391号

策划编辑：雷顺加　　　责任编辑：李 炎　　　封面设计：李 佳

书　　名	21世纪高等学校精品规划教材 **数据库技术及应用开发学习辅导**
作　　者	李云峰　李 婷　编著
出版发行	中国水利水电出版社 （北京市海淀区玉渊潭南路 1 号 D 座　100038） 网址：www.waterpub.com.cn E-mail：mchannel@263.net（万水） 　　　　sales@waterpub.com.cn 电话：（010）68367658（发行部）、82562819（万水）
经　　售	北京科水图书销售中心（零售） 电话：（010）88383994、63202643、68545874 全国各地新华书店和相关出版物销售网点
排　　版	北京万水电子信息有限公司
印　　刷	三河市铭浩彩色印装有限公司
规　　格	184mm×260mm　16 开本　10.75 印张　270 千字
版　　次	2015 年 3 月第 1 版　2015 年 3 月第 1 次印刷
印　　数	0001—4000 册
定　　价	21.00 元

前　　言

数据库技术是计算机科学技术领域中的一个重要分支，也是目前研究最活跃、应用最广泛的计算机应用技术之一，几乎所有的计算机应用系统和信息管理系统都涉及数据库技术。

数据库技术是一门理论概念抽象、实践性强的学科，但往往由于教学辅助材料匮乏致使学生对概念理解、系统设计和系统开发等掌握不够，从而导致学习效果不佳。为此，我们编写了与主教材《数据库技术及应用开发》配套的《数据库技术及应用开发学习辅导》教材。

本教材以奠定数据库理论基础、培养数据库应用开发能力为目标，从"教""学""做""拓"四个方面实行全方位的教学辅导，以帮助学生进一步加深对数据库基本概念的理解，掌握数据库的基本开发方法和基本技术应用，提高分析问题和解决问题的能力。

本书分为 9 章，各章的内容与主教材的教学内容一一对应，每一章均由以下 4 个部分组成。

（1）学习引导：包括学习导航和相关概念的区分。学习导航给出每章的学习目标、学习方法、学习重点、学习要求和关联知识；相关概念的区分是指出相关概念之间的区别，以引起学生对相关概念的追忆、对比和思考，也是对基本概念掌握的一种检验，这比概述知识要点有意义得多。

（2）习题解析：包括选择题、填空题、问答题、应用题。由于习题融入了近年来计算机等级考试（三级或四级）和研究生考试的相关试题，因此，习题解析对参加计算机等级考试的考生或报考计算机专业研究生的考生来说，都有重要的参考价值。

（3）技能实训：每章给出两个以上的技能实训项目，所有实训均由"实训背景"引出理论知识要点或概念，以增强学生对理论与实践的统一性认识。

（4）知识拓展：除第 1 章介绍对数据库理论研究作出突出贡献的 5 位科学家的生平事迹外，其它各章均介绍新一代数据库系统方面的知识，以拓展学生在数据库新技术方面的视野。

本书不仅包含了数据库原理方面的内容，而且介绍了在开发高校教学管理系统过程中使用的数据库建模工具 PowerDesigner 和 C#开发环境，创新性地构建了"主体知识＋应用开发＋系统实现＋知识拓展"的架构，与主教材一起，形成一个完整的知识-技能体系。

本书是作者结合数据库课程的教学体会和科研实践成果编写而成，也是作者深化课程教学改革和教学方法研究与探索的结晶。本书旨在从应用开发与系统实现的角度，将数据库的基本理论、应用开发技术和系统实现方法有机地结合，最大限度地提高教与学的效果，达到加速人才培养的目的。

本书由李云峰、李婷编写。刘屹老师为本书校稿和程序调试做了大量工作；曹守富、丁萃婷老师为本课程教学网站建设做了大量工作；丁红梅、刘冠群、彭芳芳、陆燕、姚波等老师参加了本课程教学资源建设工作。在编写过程中，参阅了大量国内外同类优秀教材和专著，并从中吸取了许多有益的营养，在此，谨向这些著作者一并表示衷心感谢！

本书凝聚了作者多年教学、科研、软件开发以及教学资源建设的经验和体会，尽管我们希望做到更好，但因作者水平所限，书中难免存在许多不足之处，敬请专家和读者批评指正。

编 者

2015 年 1 月

目　　录

第 1 章　数据库技术概述

【问题描述】数据库技术是面向数据管理的应用技术，其显著特点是实践性和操作性很强。目前，最为广泛使用的是关系型数据库系统。因此，本章学习的重点就是掌握关系数据库系统的基本概念。

【辅导内容】给出本章学习目标、学习方法、学习重点、学习要求、关联知识，以及相关概念的区分。然后，给出本章的习题解析、技能实训，以及知识拓展（对数据库研究与发展做出突出贡献的五位科学家的生平事迹）。

【能力要求】通过学习引导，掌握本章的知识要点；通过习题解析，掌握数据库技术的基本概念；通过技能实训，熟悉 SQL Server 2008 操作平台界面，为后续技能实训奠定基础；通过知识拓展，了解数据库技术的发展背景和发展过程。通过本章学习，为后续各章学习打下基础。

§1.1　学习引导

主教材第 1 章介绍了数据管理技术、数据模型、数据库管理系统、数据库系统的结构组成等基本概念，以及数据库技术的研究与发展，本章是后续各章学习的概念基础。

1.1.1　学习导航

1. 学习目标

主教材第 1 章从数据库和数据库管理系统这两个最基本概念入手，引出数据库技术所涉及的基本概念。本章的学习目标：一是对数据库管理系统有一个初步认识，并了解数据库管理系统的基本功能；二是掌握数据抽象、数据模型、数据库模式等核心概念，了解数据模型与数据库管理系统的关系。

2. 学习方法

针对主教材课程导学的表 1 和图 1，思考数据模型、数据库、数据库管理系统的功能作用，通过把数据模型、数据库、数据库管理系统与其它相关概念进行类比，可以加深对数据库系统结构组成的了解，达到良好的学习效果。

3. 学习重点

本章的学习重点是：数据模型、数据库管理系统、数据库系统的组成与结构。其中，数据库系统的组成与结构不仅是本章学习的重点，也是本章学习的难点。

4. 学习要求

本章介绍了数据与信息、数据管理、数据库、数据模型、数据独立性、数据库的模式、数据库管理系统和数据库系统。在理解数据抽象的基础上，要求掌握什么是数据库的三级模式和两级映射；掌握数据库管理系统的基本组成与主要功能，数据库系统中各部分的功能作用以及 DBA 的职责；掌握数据库系统的结构和组成，能分辨出数据模型和数据模式的区别。

5. 关联知识

通过数据模型的介绍，揭示了关系模型是目前数据库系统中主要模型的原因。数据库系统中的三级模式与两级映射结构，揭示了数据独立性的重要意义。掌握这些概念，能为开发数据库应用系统奠定良好的理论概念基础。

1.1.2 相关概念的区分

第 1 章中涉及的基本概念包括：数据、信息、数据模型、数据模式、数据实例、文件系统、数据库管理系统、数据库系统等。学习过程中，必须注意以下概念的区分。

1. 信息与数据的区别和联系

信息是客观存在的一切事物通过物质载体所发生的消息、情报、数据、指令、信号中所包含的一切可传递和交换的知识内容；数据是承载信息的媒体，是描述事物的符号记录。

数据与信息两者之间既有相互依存关系，也有替代关系。所谓相互依存关系，是指数据是使用各种物理符号和它们有意义的组合来表示信息，这些符号及其组合就是数据，它是信息的一种量化表示。换句话说，数据是信息的具体表现形式，而信息是数据有意义的表现。数据与信息两者之间的关系是数据反映信息，信息则依靠数据来表达。

所谓替代关系，是指信息代表数据。由于信息与数据之间的这种关系，所以"信息"和"数据"这两个词有时被交替使用，其区别在于信息对当前或将来的行为或决策有价值。

2. 概念数据模型与概念数据模式的区别

概念数据模型主要是在数据库设计的开始阶段，用来了解和描述现实世界，即描述一个单位的概念化结构。概念数据模型是面向用户、面向现实世界的数据模型，与 DBMS 无关。

概念数据模式是用逻辑数据模型对一个单位的数据的描述，概念数据模式的设计是数据库设计的基本任务。

3. 数据模式与数据模型和数据实例的区别

数据模型是对现实世界的抽象，是描述现实世界数据的一种手段和工具；数据模式是用给定数据模型对具体数据的描述。两者间的关系形如文章和文字，文章是通过文字来表述的，但文章和文字是两回事，不能混为一谈。

同时，数据模式也要和数据实例相区别。模式是数据库中全体数据的逻辑结构和特征的描述，它仅仅涉及型（对某一类数据的结构和属性的说明，如学生的学号、姓名、性别、年龄、联系电话）的描述，不涉及具体的值（是型的一个具体值，如 201205004，李杰，男，18，13973166108）。

模式的一个具体值称为模式的一个实例（instance），同一个模式可以有很多实例。模式是相对稳定的，而实例是相对变动的。数据模式反映的是一个单位的各种事物的结构、属性、联系和约束，实质上是用数据模型对一个单位的模拟，而实例反映数据库的某一时刻的状态。

4. 文件系统和数据库系统的区别

文件是数据的集合，文件系统把数据组织成相互独立的数据文件。文件的建立、修改、插入、删除通过编程实现。由于一个数据文件对应于一个应用，很难实现共享，因而存在大量数据冗余。

数据库是在文件系统的基础上发展起来的，它客服了文件系统的许多缺点。数据库面向多用户、多应用的数据需求，具有数据结构化、共享性高、冗余度小、数据独立性好、数据管理和维护代价小的特点。

5. 层次数据模型、网状数据模型、关系数据模型三者之间的区别

层次数据模型是用树形结构来表示各类实体间联系的数据模型；网状数据模型是用有向图来表示实体型及实体间联系的数据模型；关系数据模型是用二维表格来表示实体间联系的数据模型。

§1.2　习题解析

1.2.1　选择题

1．在数据库管理技术发展过程中，数据独立性最高、技术综合性最强的是（　　）。
  A．数据库系统　　　B．文件系统　　　C．人工管理　　　D．文件管理

【解析】由于数据库系统提供的三级模式体系结构中具有子模式/概念模式和概念模式/存储模式的两级映射，从而保证了数据独立性的实现。

[参考答案] A。

2．数据库系统由（　　）组成。
  A．DB、硬件/软件系统和相关人员　　　B．DB、DBMS、相关人员和相应硬件
  C．硬件/软件系统、相关人员和 DBMS　D．数据库、软件、相关人员和 DBMS

【解析】数据库系统由数据库、硬件/软件系统和各类相关人员组成。

[参考答案] A。

3．在数据库系统中，用于对现实世界进行描述的工具是（　　）。
  A．数据　　　　　B．数据模式　　　C．数据模型　　　D．数据结构

【解析】数据模型是一种对现实世界进行描述的工具。

[参考答案] C。

4．数据库是在计算机系统中按照一定的数据模型组织、存储和应用的（　　）。
  A．文件的集合　　　B．数据的集合　　　C．命令的集合　　　D．程序的集合

【解析】数据库是长期存储在计算机内、有组织的、可共享的数据集合。数据库中的数据按一定的数据模型组织、描述和存储，具有较小的冗余度、较高的数据独立牲和易扩展性，并可为各种用户共享。

[参考答案] B。

5．支持数据库各种操作的软件系统称为（　　）。
  A．命令系统　　　　　　　　B．数据库管理系统
  C．数据库系统　　　　　　　D．操作系统

【解析】数据库管理系统是位于用户和操作系统之间的数据库管理软件，支持数据库的各种操作。

[参考答案] B。

6．由计算机、操作系统、数据库管理系统、数据库、应用程序以及用户等组成的一个整体称为（　　）。
  A．文件系统　　　　　　　　B．数据库系统
  C．软件系统　　　　　　　　D．数据库管理系统

【解析】由计算机、操作系统、数据库管理系统、数据库、应用程序以及用户等组成的系统是数据库系统。

[参考答案] B。

7．层次型、网状型和关系型数据库的划分原则是（　　）。
  A．记录长度　　　　　　　　B．文件的大小
  C．联系的复杂程度　　　　　D．数据间的联系

【解析】层次型和网状型数据库是通过指针实现记录之间的联系，关系型数据库是通过二维表格（关系或外关键字）实现关系之间的联系。

[参考答案] D。

8. 在数据库管理技术中，影响数据库结构设计质量的数据模型是（　　　）。

　　A. 层次模型　　　　B. 概念模型　　　　C. 关系模型　　　　D. 网状模型

【解析】数据库设计中第一步也是最重要的一步是设计概念模型，它必须能准确地描述所要管理的数据对象及其之间的联系。然后，再将它等价地转换成 DBMS 支持的 DB 结构模型。概念模型设计的质量会影响数据库结构设计的质量。

[参考答案] B。

9. 数据库类型的划分，其依据是（　　　）。

　　A. 记录形式　　　　　　　　　B. 文件类

　　C. 数据模型　　　　　　　　　D. 数据存取方法

【解析】数据库结构是依据数据模型组织起来的，数据模型不同则数据库的类型就不同。

[参考答案] C。

10. 在数据库的三级模式结构中，描述数据库中全局逻辑结构和特征的是（　　　）。

　　A. 外模式　　　　B. 内模式　　　　C. 存储模式　　　　D. 概念模式

【解析】在数据库三级模式结构中，概念模式是用逻辑数据模型对一个单位数据的描述。

[参考答案] D。

1.2.2　填空题

1. 数据库技术是在克服了_____管理数据弊病的基础上发展起来的数据库管理技术。

【解析】数据库技术是在克服了文件系统管理数据弊病的基础上发展起来的。

[参考答案] 文件系统。

2. 与文件系统相比较，数据库系统管理数据的主要特点是_____和_____。

【解析】数据库的组织和结构是依据数据模型构建的。数据模型结构描述一个组织或部门全部数据的集合，且提供对该组织或部门全体用户共享的数据，即它具有共享性。另外数据库系统具有三级模式和两级映射结构，使得所管理的数据具有较高的数据独立性。

[参考答案] 共享性，独立性。

3. 层次模型中，上一层记录类型和下一层记录类型的联系是_____。

【解析】层次模型中，上一层记录类型和下一层记录类型之间的联系只能是 1：N 联系（包括 1：1），不能直接表示 N：M 的联系。如果要表示 N：M 的联系，可以通过冗余结点法或虚拟结点法将 N：M 的联系转换为 1：N 联系表示。

[参考答案] 1：N。

4. DBMS 是位于_____和_____之间的一层数据管理软件。

【解析】DBMS 为数据库管理系统，它是位于数据库系统用户与操作系统之间的一层数据管理软件。

[参考答案] 用户，操作系统。

5. 数据库类型的划分依据是_____。

【解析】数据库组织和结构划分依据的是数据模型，即数据模型不同，则数据库类型不同。

[参考答案] 数据模型。

6．数据管理发展过程中，_____阶段的数据独立性最高、共享性更好。

【解析】在数据管理发展过程中，数据库管理使得数据有较高的独立性和共享性。

[参考答案] 数据库管理。

7．层次模型、网状模型与关系模型划分的原则是_____。

【解析】层次模型、网状模型与关系模型的区别是它们用不同的方式表示数据之间的联系。层次用"树"型结构，网状模型用"图"结构，关系模型用"二维表"来表示数据之间的联系。

[参考答案] 数据之间的联系。

8．独立于计算机与 DBMS 的数据模型是_____。

【解析】概念模型是用来描述现实世界事物和事物之间联系的模型，它独立于计算机，并且与 DBMS 无关。

[参考答案] 概念模型。

9．在 DBMS 中，用来查找数据库中数据的语言称为_____。

【解析】DBMS 是 DBS 中核心软件，它包括对 DB 的定义、操纵、管理和维护等功能程序；查找是属于 DBMS 中操纵语言所定义的一种操作。

[参考答案] 数据操纵语言（DML）。

10．数据库应用程序员与数据库的接口是_____。

【解析】数据库应用程序员是依据数据库的外模式来编写应用程序的。

[参考答案] 外模式或子模式或用户模式。

1.2.3　问答题

1．数据管理的主要内容是什么？

【解析】数据管理的主要内容是指适用于各种数据处理业务的一些共性操作，包括数据收集、整理组织、存储、维护、检索、传递等工作。

2．何为数据库管理系统？它的主要功能是什么？

【解析】数据库管理系统（DBMS）是操纵和管理数据库的一组软件，是 DBS 重要的组成部分。不同的数据库系统都有各自的 DBMS，一个 DBMS 支持一种数据库模型。

DBMS 的主要功能是定义、控制、管理和维护数据库。它通常由三部分组成：数据定义语言（DDL）及编译程序、数据操纵语言（DML）及处理程序和数据库管理的例行程序。

3．DBS 与 DBMS 的主要区别是什么？

【解析】数据库系统（DBS）是指在计算机系统中引入数据库后的系统，它由数据库、数据库管理系统（DBMS）和软件、硬件及人员组成；数据库管理系统（DBMS）是位于用户与 OS 之间的一层数据管理软件，是 DBS 的重要组成部分，它是 DBS 中各种数据管理功能的实现者。

4．数据库系统与文件系统有哪些区别与联系？

【解析】数据库系统是在文件系统的基础上发展起来的，数据库的结构和组织是以数据模型为核心构建而成。数据模型有效地描述了数据的特征及其之间的联系，这是数据库系统与文件系统的主要区别。同时，与文件系统相比，数据库系统的共享性好，数据冗余度低，有较高的数据独立性，由 DBMS 统一管理数据。

5．什么是数据模型？数据模型三要素是什么？

【解析】数据模型是信息世界中表示实体类型和实体之间联系的模型。数据模型的三要素是指：数据结构、数据操作和数据完整性约束。其中：数据结构是对实体类型和实体之间联系的表达和实现；数据操作是对数据库的检索和更新操作；数据完整性约束是定义数据及其联系应具有的制约和依赖规则。

6. 在数据库组织结构中，有哪几种数据模型？它们之间有何区别？

【解析】在数据库组织结构中，当前流行的基本数据模型有三类：关系模型、层次模型和网状模型。它们之间的根本区别在于数据之间联系的表达方式不同：关系模型是用"二维表格"表示数据之间的联系；层次模型是用"树型结构"表示数据之间的联系；网状模型是用"图结构"表示数据之间的联系。

7. 概念数据模型和概念数据模式的主要区别是什么？

【解析】概念数据模型用于在数据库设计的开始阶段了解和描述现实世界，即描述一个单位的概念化结构，是面向用户、面向现实世界的数据模型，与 DBMS 无关；概念数据模式是用逻辑数据模型对一个单位的数据的描述，概念数据模式的设计是数据库设计的基本任务。

8. 何为数据库三级模式/两级映射结构？其主要好处是什么？

【解析】数据库三级模式是指外模式、概念模式和内模式。两级映射是指外模式/概念模式映射、概念模式/内模式映射。这种结构的主要好处是提供高度的数据独立性。

9. 什么是数据库的数据独立性？数据独立性有什么好处？

【解析】数据独立性表明应用程序与数据库中存储的数据不存在依赖关系。数据独立性包括逻辑数据独立性和物理数据独立性：逻辑数据独立性是指外模式的局部逻辑数据结构与概念模式的全局逻辑数据结构之间的独立性，当概念模式发生改变时，不影响其相应的外模式结构，应用程序也不必修改的一种特性；物理数据独立性是指内模式的存储结构与存取方法发生改变时，对数据库的概念模式、外模式和相应程序不必修改的一种特性。

数据独立性使数据的物理存储设备更新和物理表示及存取方法改变时，不用改变数据概念模式。概念模式改变但用户的外模式可以不变，因此应用程序也可以不变，这将使程序维护容易。另外，对同一数据库概念模式，可建立不同的用户外模式，从而提高数据共享性，使数据库系统具有较好的可扩充性，给 DBA 维护、改变数据库的物理存储提供了方便。

10. 数据模式的三级结构有什么区别与联系？

【解析】概念模式是内模式的逻辑表示，内模式是概念模式的物理实现，外模式是概念模式的部分抽取。概念模式表示概念级数据库，内模式表示物理级数据库，外模式表示用户级数据库。三级结构的联系是通过两级映射来实现的，即外模式/概念模式映射、概念模式/内模式映射。这两级映射保证了数据库的物理数据独立性和逻辑数据独立性。

1.2.4 应用题

1. 用二维表来表示学生基本信息。

【解析】对于学生来讲，其基本信息主要有：学号、姓名、性别、出生日期、专业、所在系、籍贯、联系电话等。其对应二维表如下：

学生信息表

学号	姓名	性别	出生日期	专业	所在系	籍贯	联系电话

2. 用二维表来表示图书借阅信息。

【解析】对于图书借阅来讲，其基本信息主要有：学号、姓名、所在系、书名、编号、出版社、借书日期、还书日期、联系电话等。其对应二维表如下：

图书借阅信息表

学号	姓名	所在系	书名	编号	出版社	借书日期	还书日期	联系电话

§1.3 技能实训

本章完成两项实训内容：SQL Server 2008 的安装与配置和数据库的创建与管理。它们是后面各项实训的基础，必须熟练掌握。

1.3.1 SQL Server 2008 的安装与配置

【实训背景】

2008 年，Microsoft 向企业用户同时发布了三款核心应用平台产品：Windows Server 2008、Visual Studio 2008、SQL Server 2008，此三款产品开启了一个"企业动态 IT 愿景"的新时代。对于微软的 SQL Server 来讲，版本从 6.0、6.5、7.0、2000、2005 到 2008。SQL Server 2005 是一个在体系结构上有突破性的升级版本，是企业数据库解决方案平台。SQL Server 2008 是在 SQL Server 2005 的基础上，改进和提高了系统安全性、可用性、易管理性、可扩展性、商业智能等，对企业的数据存储、数据挖掘、数据分析、报表服务提供了更强大的支持和便利。

1. SQL Server 2008 的版本

Microsoft SQL Server 2008 依操作系统位数分类，有 32 位和 64 位两大类版本，其中 32 位共有 6 个不同的版本，分别是企业版、标准版、工作组版、Web 版、学习版、移动版。

2. SQL Server 2008 的安装要求

SQL Server 2008 是在计算机硬件和操作系统之上运行的数据库管理软件，因此要保证它的最佳运行，计算机的硬件性能和操作系统版本必须达到一定要求。并且 SQL Server 也不是孤立运行的软件，必须与其它相关的软件配合使用，才能充分发挥它的作用。

（1）软件要求：SQL Server 2008 包括服务器组件和客户端组件，不同的版本有不同的要求，通常包括：

- 32 位或 64 位操作系统
- Microsoft Windows Installer 3.1 或更新
- Microsoft Data Access Components（MDAC）2.8 SPI 或更高
- IE 6.0 SPI 或更新版本

（2）硬件要求：硬件配置的高低会直接影响软件的运行速度。在通常情况下，往往利用 SQL Server 2008 存储、管理一个应用项目或一个部门的数据。其特点是存储的数据量大，对数据进行的查询、修改、删除等操作频繁发生，更主要的是要保证多个人同时访问数据库的高效性，因此对硬件性能的要求比较高。

- CPU：1.6GHz。
- 内存：512MB（推荐 1GB 或更高）。
- 硬盘：350MB 或更大磁盘空间。

【实训目的】

（1）了解 Microsoft SQL Server 2008 系统。

（2）掌握 SQL Server 2008 的安装过程。

（3）熟悉 SQL Server Management Studio 的工作环境。

（4）掌握 SQL Server 2008 服务器注册与配置。

【实训内容】

（1）SQL Server 2008 数据库管理系统安装。

（2）SQL Server 2008 Management Studio 使用。

（3）SQL Server 2008 服务器配置。

【实训步骤】

1. 安装 SQL Server 2008 数据库管理系统

从微软官方下载 SQL Server 2008 Express Edition 或 Enterprise Evaluation，将其安装到本人实训计算机上，使该计算机成为服务器和客户端工具，并采用 Windows 身份验证模式。

SQL Server 2008 的安装与其它 Microsoft Windows 系列产品类似。用户可根据向导提示，选择需要的选项一步一步完成。安装过程中涉及的实例名、用户账户、身份验证模式、排序规则等关键内容，根据安装界面提示和实际需要进行设置。

2. 启动 SQL Server Management Studio

SQL Server Management Studio 中包括 Enterprise Manager 和 Query Analyzer 两个工具，可以在对服务器进行图形化管理的同时编写 T-SQL。SQL Server Management Studio 中的对象浏览器结合了 Query Analyzer 的对象浏览器和 Enterprise Manager 的服务器树形视图，可以浏览所有已注册的服务器。另外，对象浏览器还提供了类似于 Query Analyzer 的工作区，工作区中有类似语言解析器和显示统计图的功能，可以在编写查询和脚本的同时，在同一个工具下使用 Wizards 和属性页面处理对象。

3. 注册服务器

服务器只有在注册后才能被纳入 SQL Server Management Studio 的管理范围。为了管理、配置和使用 Microsoft SQL Server 2008 系统，必须使用 Microsoft SQL Server Management Studio 工具注册服务器。注册服务器是为 Microsoft SQL Server 客户机/服务器系统确定一台数据库所在的机器作为服务器，为客户端的各种请求提供服务。在 SQL Server Management Studio 中有一个单独可以同时处理多台服务器的注册服务器窗口，它不仅可以对服务器进行注册，还可以注册分析服务、报告服务、SQL Server 综合服务以及移动 SQL 等。

4. 配置 SQL Server 2008

在安装结束之后，SQL Server 2008 便已完成了所有默认配置，能提供最安全、最可靠的使用环境。此时，用户可根据自己的使用要求自由更改配置选项。更改配置的过程为：

启动 SQL Server 配置管理器、查看与 SQL Server 相关联的服务、尝试启动和停止服务、配置 SQL Server 使用的网络协议，以及从 SQL Server 客户端计算机管理网络连接配置。

1.3.2　数据库的创建与管理

【实训背景】

创建数据库就是确定数据库名称、文件名称、数据文件大小、所有者、数据库的字符集、是否自动增长以及如何自动增长等信息的过程。

1．数据库的命名规则

数据库的命名同其它文件命名一样，要遵循一个基本原则和一个基本规则。所谓一个基本原则就是数据库的名称应简短而且有一定的含义（即望文生义或见名知意）；所谓一个基本规则就是数据库的名称必须满足系统的标识符规则。对数据库命名的具体规则有 3 条：

（1）名称的字符：数据库名称的第一个字符必须是字母、下划线（_）、中文（或其它语音的字母）、at 符号（@）或者数字符号（#）。除第一个字符之外，名称还可以包括数字和$符号。

（2）不许使用保留字：名称不能是 T-SQL 的保留字，也不能包含空格或其它特殊字符。

（3）名称的字符数：数据库名称所包含的字符数必须在 1～128 之间，本地临时表的名称不能超过 116 个字符。

〖问题点拨〗在 T-SQL 中，以符号@开头的标识符表示局部变量或参数；以符号#开头的标识符表示临时表或过程；以符号##开头的标识符表示全局临时对象，所以建议不要用这些符号作为数据库名称的开头。虽然在 SQL Server 2008 中，保留字区分大小写，但仍不建议用改过大小写的保留字作为数据库名。

2．创建数据库的方法

在一个 Microsoft SQL Server 2008 实例中最多可以创建 32767 个数据库。创建数据库有以下 2 种方法。

（1）使用 Microsoft SQL Server Management Studio 向导创建数据库：在 SQL Server Management Studio 中，通过对象资源管理器的图形化界面，可以非常方便地创建数据库。

（2）使用 Transact-SQL 创建数据库：通过使用 Transact-SQL 提供的 CREATE DATABASE 语句来创建数据库。对于具有丰富编程经验的用户，使用 Transact-SQL 比使用 Microsoft SQL Server Management Studio 向导创建数据库更加简洁有效。

【实训目的】

（1）了解 SQL Server 2008 数据库的物理结构和逻辑结构。

（2）掌握使用 Microsoft SQL Server Management Studio 创建和管理数据库。

（3）掌握使用 T-SQL 语句创建和管理数据库。

【实训内容】

（1）利用 Microsoft SQL Server Management Studio 创建、修改和删除数据库。

（2）利用 T-SQL 语句创建、修改和删除数据库。

【实训步骤】

1．使用 Microsoft SQL Server Management Studio 向导创建数据库

使用 Microsoft SQL Server Management Studio 向导创建数据库时，首先要启动 SQL Server Management Studio，在此基础上，进行下列各项操作。

（1）在对象资源管理器中，利用图形化的方法创建数据库 student。

（2）在对象资源管理器中，利用图形化的方法修改数据库 student，增加数据文件。

其中：数据文件逻辑名 student_data2，操作系统文件的名称为 C:\Program Files\Microsoft SQL Server\MSSQL10.MSSQLSERVER\MSSQL\DATA\student data2.ndf，初始大小为 50MB，最大为 100MB，以 30%的速度增长。

（3）在对象资源管理器中，利用图形化的方法删除数据库 student。

2．使用 Transact-SQL 语句创建数据库

（1）在 SQL 编辑器中，利用 T-SQL 语句 CREATE DATABASE 命令创建数据库 student。

（2）在 SQL 编辑器中，利用 T-SQL 语句 ALTER DATABASE 命令修改数据库 student，增加日志文件。

其中：日志文件逻辑名 student_log2，操作系统文件的名称为 C:\Program Files\Microsoft SQL Server\MS SQL10.MSSQLSERVER\MSSQL\DATA\student_data2.ldf，初始大小为 3MB，最大为 50MB，以 1M 的速度增长。

（3）在 SQL 编辑器中，利用 T-SQL 语句 DROP DATABASE 命令删除数据库 student。数据文件与日志文件所对应的参数如表 1-1 所示。

表 1-1　数据文件与日志文件所对应的参数

选项		参数
数据库名称		student
数据文件	逻辑文件名	student_data
	物理文件名	C:\ProgramFiles\Microsoft SQL Server\MSSQL10.MSSQL SERVER\MSSQL\DATA\student_data.mdf
	初始容量	3MB
	最大容量	50MB
	增长量	1MB
日志文件	逻辑文件名	student_log
	物理文件名	C:\ProgramFiles\Microsoft SQL Server\MSSQL10.MSSQL SERVER\MSSQL\DATA\student_log.ldf
	初始容量	1MB
	最大容量	20MB
	增长量	10%

§1.4　知识拓展——数据库技术领域的五位先驱者

数据库技术是随着计算机技术的发展而产生和发展的。随着计算机网络的发展与普及，数据库技术得到了进一步的发展，各种新型数据库系统不断出现，各种新技术层出不穷。为了加深对数据库技术的进一步了解，本节介绍对数据库技术的研究与发展做出突出贡献的五位科学家。

1.4.1　关系数据库之父——科德

埃德加·弗兰克·科德（Edgar F.Codd，1923—2003，见图 1-1）是密执安大学哲学博士，IBM公司研究员，被誉为"关系数据库之父"，因为在数据库管理系统的理论和实践方面的杰出贡献于 1981 年获图灵奖。1970 年，科德发表题为"大型共享数据库的关系模型"的论文，文中首次提出了数据库的关系模型。由于关系模型简单明了、具有坚实的数学理论基础，所以一经推出就受到了学术界和产业界的高度重视和广泛响应，并很快成为数据库市场的主流。20 世纪 80 年代以来，计算机厂商推出的数据库管理系统几乎都支持关系模型，数据库领域当前的研究工作大都以关系模型为基础。

图 1-1　弗兰克·科德

弗兰克·科德 1923 年 8 月 19 日生于英格兰中部的港口城市波特兰

（Portland）。在牛津的埃克塞特学院研习数学与化学后，他作为一名英国皇家空军的飞行员参加了第二次世界大战。1942 至 1945 年期间任机长，参与了许多重大空战，为反法西斯战争立下了汗马功劳。"二战"结束以后，科德进入牛津大学学习数学，1948 年取得学士学位后，远渡大西洋到美国纽约谋求发展。他先在 IBM 公司工作，为 IBM 早期研制的计算机 SSEC（Selective Sequence Electronic Calculator）编制程序。1953 年，出于对参议员约瑟夫·麦卡锡的不满，他迁往加拿大渥太华，应聘到加拿大渥太华的 Computing Device 公司工作。之后，他回到密歇根大学并取得了计算机科学博士学位。1957 年，科德去往 IBM 公司位于圣何塞的阿尔马登研究中心工作，任"多道程序设计系统"（Multiprogramming Systems）部门主任，期间参加了第一台科学计算机 701 以及第一台大型晶体管计算机 Stretch 的逻辑设计，主持了第一个有多道程序设计能力的操作系统的开发。1959 年 11 月，他在《ACM 通讯》（Communications of ACM）上发表了关于 Stretch 的多道程序操作系统的文章。

令人敬佩的是他的学习精神。科德在工作中自觉硬件知识缺乏，难以在重大工程中发挥更大作用，于是在 20 世纪 60 年代初，年近 40 的他毅然决定重返校园，到密歇根大学进修计算机与通信专业，并于 1963 年获得硕士学位，1965 年取得博士学位。这使他的理论基础更加扎实，专业知识更加丰富，加上他之前十几年实践经验的积累，终于在 1970 年发出智慧的闪光，为数据库技术开辟了一个新时代。

在数据库技术发展的历史上，1970 年是发生伟大转折的一年。这一年的 6 月，美国 IBM 圣约瑟（San Jose）研究实验室的高级研究员科德在《ACM 通讯》上发表了著名的基于关系模型的数据库技术的论文——"大型共享数据库的关系模型"（A Relationnal Model of Data for Large Shared Databanks）。该论文首次明确提出了数据库系统的关系模型，开创了数据库关系方法和关系数据库理论的研究，为数据库技术奠定了理论基础。因此，ACM 在 1983 年把这篇论文列为从 1958 年以来的 25 年中最具里程碑意义的 25 篇论文之一。

1970 年以后，科德继续致力于完善与发展关系理论。1972 年，他提出了关系代数（relational algebra）和关系演算（relational calculus）的概念，定义了关系的并（union）、交（intersection）、差（difference）、投影（project）、选择（selection）、连接（join）等各种基本运算，为日后成为标准的结构化查询语言（Structured Query Language）奠定了基础。

由于科德首次明确而清晰地为数据库系统提出了一种崭新的模型——关系模型，为数据库管理系统的理论和实践作出了杰出贡献，1981 年的图灵奖很自然地授予了这位"关系数据库之父"。在接受图灵奖时，他做了题为"关系数据库：提高生产率的实际基础"的演说。同年 4 月 18 日，科德因心脏病发在佛罗里达威廉姆斯岛的家中去世，享年 79 岁。

1.4.2　网络数据库之父——巴赫曼

查尔斯·巴赫曼（Charles W.Bachman，1924－，见图 1-2），是网状数据库数据库先驱者，1973 年的图灵奖获得者。

巴赫曼 1924 年 12 月 11 日生于美国堪萨斯州的曼哈顿，1944 年 3 月至 1946 年 2 月，他在西南太平洋战场待了两年，在这里他首次使用到 90mm 炮弹的火力控制系统。之后，他离开军队，进入密歇根大学学习，并于两年后获得了机械工程的学士学位。1948 年在密歇根大学取得工程学士学位，1950 年在宾夕法尼亚大学取得硕士学位。20 世纪 50 年代在 Dow 化工公司工作，1961—1970 年在通用电气公司任程序设计部门经理，在这里他开发出了第一代网状数据库管理系统——IDS（集成数据存储，

图 1-2　查尔斯·巴赫曼

Integrated Data Store），并和韦尔豪泽·朗伯（Weyerhaeuser Lumber）一起开发了第一个用于访问IDS 数据库的多道程序（multiprogramming）；1970－1981 年在 Honeywell 公司任总工程师，同时兼任 Cullinet 软件公司的副总裁和产品经理，1983 年巴赫曼创办了自己的公司——Bachman Information System Inc.，巴赫曼信息系统公司。

　　巴赫曼积极推动与促成了数据库标准的制定，在美国数据系统语言委员会 CODASYL 下属的数据库任务组 DBTG 提出了网状数据库模型以及数据定义语言（DDL）和数据操纵语言（DML）规范说明，于 1971 年推出了第一个正式报告——DBTG 报告。1973 年，他因"数据库技术方面的杰出贡献"而被授予图灵奖，并做了题为"作为导航员的程序员（The Programmer as Navigator）"的演讲。1977 年因其在数据库系统方面的开创性工作而被选为英国计算机学会的杰出研究员（Distinguished Fellow）。他也被列入数据库名人堂。明尼苏达大学查尔斯巴贝奇研究所收集了巴赫曼从 1951 年到 2007 年的全部论文。论文集包含了详细的档案材料，描述了数据库软件的开发，涉及他在陶氏化工（1951－1960 年）、通用电气（1960－1970 年）、霍尼韦尔公司（1970－1981 年）、Cullinet（1972－1986 年）、巴赫曼信息系统公司（1982－1996 年）工作期间，以及一些在其他专业组织的论文。

　　巴赫曼在数据库方面的主要贡献有两项，第一项就是巴赫曼在通用电气公司任程序设计部门经理期间，主持设计与开发了最早的网状数据库管理系统（Integrated Data System，IDS）。IDS 于 1964 年推出后，成为最受欢迎的数据库产品之一，而且它的设计思想和实现技术被后来的许多数据库产品所仿效。第二项就是巴赫曼积极推动与促成了数据库标准的制定，那就是美国数据系统语言委员会 CODASYL 下属的数据库任务组 DBTG 提出的网状数据库模型以及数据定义语言和数据操纵语言（即 DDL 和 DML）的规范说明，并于 1971 年推出了第一个正式报告——DBTG 报告，成为数据库历史上具有里程碑意义的文献。该报告中基于 IDS 的经验所确定的方法称为 DBTG 方法或 CODASYL 方法，所描述的网状模型称为 DE 模型或 CODASYL 模型。DBTG 曾希望美国国家标准委员会 ANSI 接受 DBTG 报告作为数据库管理系统的国家标准，但是没有成功。继 1971 年报告出台之后，又出现了一系列新的版本，如 1973、1978、1981 和 1984 年的修改版本。DBTG 后来改名为 DBLTG（Data Base Language Task Group，数据库语言工作小组）。DBTG 首次确定了数据库的 3 层体系结构，明确了数据库管理员（DataBase Administrator，DBA）的概念，规定了 DBA 的作用与地位。DBTG 系统虽然是一种方案而非实际的数据库，但它所提出的基本概念却具有普遍意义，不但国际上大多数网状数据库管理系统，如 IDMS、PRIME DBMS、DMSI70、DMSII 和 DMSII00 等都遵循或基本遵循 DBTG 模型，而且对后来产生和发展的关系数据库技术也有很重要的影响，其体系结构也遵循 DBTG 的 3 级模式。

　　由于巴赫曼在以上两方面的杰出贡献，巴赫曼被理所当然地公认为网状数据库之父或 DBTG 之父，他的研究成果在数据库技术的产生、发展与推广应用等各方面都发挥了巨大的作用。此外，巴赫曼在担任 ISO/TC97/SC-16 主席时，还主持制定了著名的开放系统互连标准，即 OSI。OSI 对计算机、终端设备、人员、进程或网络之间的数据交换提供了一个标准规程，这为实现 OSI 对系统之间达到彼此互相开放有重要意义。20 世纪 70 年代以后，由于关系数据库的兴起，网状数据库受到冷落。但随着面向对象技术的发展，有人预言网状数据库将有可能重新受到人们的青睐。但无论这个预言是否实现，巴赫曼作为数据库技术先驱的历史作用和地位是学术界和产业界普遍承认的。

1.4.3　事务处理技术创始人——格雷

　　詹姆斯·尼古拉斯·格雷（James Nicholas Gray，1944－2007，见图 1-3），美国信息工程学家。

1998 年度的图灵奖获得者，这是在图灵奖诞生 32 年的历史上，继数据库技术的先驱巴赫曼和关系数据库之父科德之后，第 3 位因在推动数据库技术的发展中作出重大贡献而获此殊荣的学者。

图 1-3 尼古拉·格雷

格雷生于 1944 年，在著名的加州大学伯克利分校计算机科学系获得博士学位。其博士论文是有关优先文法语法分析理论的。学成之后，他先后在贝尔实验室、IBM、Tandem、DEC 等公司工作，研究方向转向数据库领域。

在 IBM 期间，他参与和主持过 IMS、System R、SQL/DS、DB2 等项目的开发，其中除 System R 仅作为研究原型，没有成为产品外，其他几个都成为 IBM 在数据库市场上具有影响力的产品。在 Tandem 期间，格雷对该公司的主要数据库产品 ENCOMPASS 进行了改进与扩充，并参与了系统字典、并行排序、分布式 SQL、NonStopSQL 等项目的研制工作。

在 DEC，他仍然主要负责数据库产品的技术工作。格雷进入数据库领域时，关系数据库的基本理论已经成熟，但各大公司在关系数据库管理系统的实现和产品开发中，都遇到了一系列技术问题，主要是在数据库的规模愈来愈大，数据库的结构愈来愈复杂，又有愈来愈多的用户共享数据库的情况下，如何保障数据的完整性、安全性、并行性，以及一旦出现故障后，数据库如何实现从故障中恢复。这些问题如果不能圆满解决，无论哪个公司的数据库产品都无法进入实用，最终也不能被用户所接受。正是在解决这些重大的技术问题，使 DBMS 成熟并顺利进入市场的过程中，格雷以他的聪明才智发挥了十分关键的作用。

目前，各 DBMS 解决上述问题的主要技术手段和方法是把对数据库的操作划分为称之为事务（transaction）的原子单位，对 1 个事务内的操作，实行"all-or-not"的方针，即"要么全做，要么全不做"。对数据库发出操作请求时，系统对有关的不同程度的数据元素（字段、记录或文件）"加锁"（locking）；操作完成后再"解锁"（unlocking）。对数据库的任何更新均分两阶段提交。建立系统运行日志（log），以便在出错时与数据库的备份（backup）一起将数据库恢复到出错前的正常状态。

上述及其他各种方法可总称为事务处理技术（transaction processing technique）。格雷在事务处理技术上的创造性思维和开拓性工作，使他成为该技术领域公认的权威。他的研究成果反映在他发表的一系列论文和研究报告之中，最后结晶为一部厚厚的专著《Transaction Processing: Concepts and Techniques》（Morgan Kaufmann 出版社出版，另一作者为德国斯图加特大学的 A.Reuter 教授）。事务处理技术虽然诞生于数据库研究，但对于分布式系统、Client/Server 结构中的数据管理与通信，对于容错和高可靠性系统，同样具有重要的意义。格雷的另一部著作是《The Benchmark Handbook: for Database and Transaction Processing Systems》，也是由 Morgan Kaufmann 出版社出版的。除了在公司从事研究开发外，他还兼职在母校加州大学伯克利分校、斯坦福大学、布达佩斯大学从事教学和讲学活动。1992 年，VLDB 杂志（The VLDB journal）创刊，他出任主编。

2007 年 1 月 28 日，格雷在旧金山海域自驾帆船休闲时，跟家人失去联系，至今没有发现其踪迹。

1.4.4 标准查询语言 SQL 之父——钱伯伦

钱伯伦（D.Chamberlin，1944－，见图 1-4）是 SQL 的创造者之一，也是 XQuery 语言的创造者之一。今天数以百亿美元的数据库市场的形成，与他的贡献是分不开的。

图 1-4 钱伯伦

钱伯伦似乎天生与数据库、信息检索有缘。小的时候，家里的一本100 多磅重的百科全书是他的最爱，在他看来，这大概是数据库的最早形式。作为地地道道的硅谷人，他的本科是在规模很小但是声誉很高的哈维玛德学院度过的，这个学校至今仍然保持着每年从 1600 多名申请者中仅招收 100 多名学生的制度。在斯坦福大学获得博士学位以后，钱伯伦加入了位于纽约的 IBM T.J.Watson 研究中心，开始从事的项目是System A。一年后，项目最终失败。但当时担任项目经理的 Leonard Liu很有远见地预见到数据库的美好前景，他转变了整个小组的方向。钱伯伦从此如鱼得水，在数据库软件和查询语言方面进行了大量研究，他成了小组中最好的网状数据库CODASYL 专家。与此同时，20 世纪 60 年代末 70 年代初，科德创造了关系数据库的概念。但是，由于这种思想对 IBM 本身已有产品造成了威胁，公司内部最初是持压制态度的。

当科德到 Watson 研究中心访问时，在讨论会上，科德几乎用一行语句就完成了类似于"寻找比他的经理挣得还多的雇员"这样的查询，而这个查询用 CODASYL 来表示的话，可能要超过 5页纸。这种强大的功能使钱伯伦转向了关系数据库。在其后的研究过程中，钱伯伦相信，科德提出的关系代数和关系演算过于数学化，无法成为广大程序员和使用者的编程工具，这个问题不解决，关系数据库也就无法普及。因此他和刚刚加盟公司的博伊斯（Boyce）设想出一种操纵值集合的关系表达式语言（Specifying Queries As Relational Expressions，SQUARE）。

1973 年，IBM 在外部竞争压力下，开始加强在关系数据库方面的投入。钱伯伦和博伊斯都被调到圣何塞，加入新成立的项目 System R。当时这个项目阵容十分豪华，有 Jim Gray、Pat Selinger和 Don Haderle 等数位后来的数据库界大腕。System R 项目分成研究高层的 RDS（关系数据系统）和研究底层的 RSS（研究存储系统）两个小组。钱伯伦是 RDS 组的经理。由于 SQUARE 使用的一些符号键盘不支持，影响了易用性，钱伯伦和博伊斯决心进行修改。他们选择了自然语言作为方向，其结果就是结构化英语查询语言（Structured English Query Language，SEQUEL）的诞生。当然，后来因为 SEQUEL 这个名字在英国已经被一家飞机制造公司注册了商标，最后不得不改称 SQL。SQL 的简洁、直观使它迅速成为了世界标准（1986 年 ANSI/ISO），30 年后的今天仍然占据主流地位。而经过了 1989、1992、1999 和 2003 年四次修订，当初仅 20 多页论文就能说完的 SQL，如今已经发展为篇幅达到数千页的国际标准。

1988 年，钱伯伦由于 System R 的开发获得了 ACM 颁发的软件系统奖。此后，钱伯伦曾一度顺应个人电脑的大潮，对桌面出版发生了兴趣。20 世纪 90 年代，钱伯伦再次返回数据库世界，开始从事对象－关系数据库的开发，其成果在 DB2 中得到了体现。其间他曾撰写过一本专门讲 DB2的书《A Complete Guide to DB2 UniversaL Database》（Morgan Kaufmann 出版社，1998）。在网络时代到来，XML 日益成为标准数据交换格式的时候，钱伯伦看到了自己两方面研究经验——数据库查询语言和文档标记语言相结合的最佳时机。他成为 IBM 在 W3C XML Query 工作组的代表，并与工作组中两位同事 Jonathan Ronathan Robie 和 Dana Floreseu 一起开发了 Quilt 语言，这构成了XQuery 语言的基础。而后者经过多年快速发展，即将成为 W3C 的候选标准。对于钱伯伦来说，XQuery 语言标志着自己整个职业生涯中的又一个高峰。他深信 Web 数据技术的发展将带来第二次数据库革命。

钱伯伦的学术成就，使他 1994 年当选为 ACM 院士，1997 年当选为美国工程院院士。他对于教育一直很有兴趣，多年来一直担任 ACM 国际大专程序设计竞赛的出题人和裁判。

1.4.5　实体－联系模型创始人——陈品山

陈品山（Peter Pin-Shan Chen，见图 1-5），是建立实体－联系模型（E-R）的电脑科学家。

陈品山 1968 年于台湾大学电机系毕业，之后赴美国深造。1970 年获哈佛大学计算机科学和应用数学硕士学位，1973 年获哈佛大学计算机科学和应用数学博士学位。1974－1978 年，1986－1987 年期间他先后在麻省理工学院，1978－1984 年在加州大学洛杉矶分校，1990－1991 年在哈佛大学等学府从事教学和研究工作，从 1983 年至今担任路易斯安纳州立大学计算机科学系（Murphy J.Foster）杰出讲座教授（Distinguished Chair Professor）。

图 1-5　陈品山

1976 年 3 月陈品山在《ACM Transactions on Database Systems》上发表了"The Entity-Relationship Model——Toward a Unified View of Data"一文。由于大众目前广泛使用实体－联系模型，而这篇文章已成为计算机科学 38 篇被广泛引用的论文之一，且被誉为全世界最具计算机软件开发技术的 16 位科学家之一，也是唯一获选的华裔科学家。据美国《世界日报》报道，他也因此被邀请到德国波昂参加一场国际性会议，在会上发表演说，与其它获选的科学家分别谈论他们对未来计算机软件开发的构想。他所研发的计算机软件广泛应用于信息系统、数据库和网际网络等方面。

第 2 章　关系数据库模型

　　【问题描述】关系数据库模型实际上就是关系运算理论，它是施加于关系上的一组高级运算，是关系数据库查询语言的理论基础。关系数据库之所以取得了巨大成功和广泛应用，就是因为它具有适合关系运算的集合运算、投影、选择、连接和商运算的数学基础，以及以这些运算为基础而建立起来的其它各种运算。

　　【辅导内容】给出本章的学习目标、学习方法、学习重点、学习要求、关联知识，以及相关概念的区分。然后，给出本章的习题解析、技能实训，以及知识拓展（从关系数据库到新一代数据库技术）。

　　【能力要求】通过学习引导，掌握本章的知识要点；通过习题解析，深入理解和掌握关系模型的基本理论知识（关系代数和关系运算）；通过技能实训，熟练掌握在 SQL Server 2008 环境中创建数据库的基本方法；通过知识拓展，了解关系数据库所存在的不足以及关系数据库技术与其它技术结合形成的数据库新技术及其发展趋势。通过本章学习，打下关系数据库的理论概念基础。

§2.1　学习引导

　　本章介绍了关系数据模型的组成、关系代数、关系演算和关系代数表达式的优化。关系数据模型是关系数据库的理论基础，更是关系数据库结构化查询 SQL 的理论基础。

2.1.1　学习导航

1．学习目标

　　本章从关系数据库的基本概念——关系（表）和关系模式开始，逐步深入讨论关系模型的三要素（关系数据结构、关系操作和关系完整性约束）、关系代数、关系演算关系和代数表达式的优化。本章的学习目标：一是深入理解关系模型和关系运算的基本概念；二是熟练掌握关系完整性约束，以及基于外键的关系数据库模式导航图；三是熟练掌握关系代数的主要操作以及基于数据库模式导航图构造关系代数查询表达式。

2．学习方法

　　本章学习的关键是通过大量实例做一些关系代数运算的习题，深刻理解并领会关系数据库模式在构造关系代数查询表达式中的作用，达到举一反三、融会贯通的学习目的。

3．学习重点

　　关系数据模型的重点是关系模型的三要素（关系数据结构、关系操作和关系完整性约束）和关系代数的基本运算，难点是关系演算关系和代数表达式的优化。

4．学习要求

　　本章主要介绍关系模型的三要素和关系代数的基本运算，涉及关系数据库的许多基本概念，例如什么是关系、关系模式、数据库模式、超键、候选键、主键和外键；关系模型的完整性约束有哪些；关系代数有哪些主要运算等。要求深刻理解关系模型的基本概念、关系完整性约束之外，还要熟练掌握关系代数的运算和关系演算关系法则以及代数表达式的优化方法。

5. 关联知识

关系代数、元组关系演算和域关系演算是评估实际系统中查询语言能力的标准和理论基础，与下一章所要介绍的结构化查询语言（Structured Query Language，SQL）构成一个完整的关系数据库查询语言体系。

关系演算是以数理逻辑的谓词演算为基础的，把谓词演算（Predicate Calculus）推广到关系运算中就构成了关系演算（Relational Calculus）。

关于数理逻辑的理论知识可参见本书作者李云峰，李婷编著的《计算机科学导论》第 10 章"离散结构"（中国水利水电出版社 2014 年出版）。

2.1.2 相关概念的区分

关系数据模型提供了一系列操作的定义，这些操作称为关系操作，关系数据操作的主要特点是操作对象和操作结果都是数据的集合。在本章学习过程中，应注意以下概念的区别。

1. 笛卡尔积操作、连接操作、等值连接操作、自然连接操作的区别

笛卡尔积操作是一种二元操作，它是将任意两个关系的元组组合在一起形成一个新的关系。若关系 R 有 m 个元组，关系 S 有 n 个元组，笛卡尔积操作的结果是得到 m×n 个元组。

连接操作也称为 θ 连接，$\theta \in \{=, <, >, \leqslant, \geqslant, \neq\}$。它是从两个关系的笛卡尔积中选取 R 关系在 A 属性组上的值与 S 关系在 B 属性组上的值满足比较关系 θ 的元组，记为 $R \infty S = \sigma_{A\theta B}(R \times S)$。

等值连接操作是指 θ 为 "=" 的连接操作，它是从笛卡尔积中分别选取 A，B 属性值相等的那些元组组成一个新的关系。等值连接不除去重复的属性。

自然连接操作是一种特殊的等值连接，它要求关系 R 与 S 中具有同名的属性，并且在结果中把重复的属性列除去。自然连接一定是等值连接，但等值连接不一定是自然连接。

2. 关系数据库的型与关系数据库的值的区别

关系数据库中的型也称为关系数据库模式，是关系数据库的描述，包括若干域的定义以及在这些域上定义的若干关系模式。

关系数据库的值则是这些关系模式在某一时刻对应的关系的集合，通常称为关系数据库。

3. 关系代数和关系演算的区别

我们可以用关系代数表示关系操作，也可以用谓词演算来表达关系操作，通常称为关系演算。用关系代数表示关系的运算，须标明关系操作的序列，因而以关系代数为基础的数据库语言是过程语言。用关系演算表达关系的操作，只要说明所要得到的结果，而不必标明操作的过程，因而以关系演算为基础的数据库语言是非过程语言。

4. 关系代数、元组关系演算、域演算的等价性

关系代数和关系演算所依据的理论基础是相同的，因此可以进行相互间的转换。在讨论元组关系演算时，实际上就研究了关系代数中 5 种基本运算与元组关系演算间的相互转换；在讨论域关系演算时，实际上也涉及了关系代数与域关系演算间的相互转换。因此，关系代数、元组关系演算、域演算 3 类关系运算是可以相互转换的，它们对于数据操作的表达能力是等价的。再结合安全性的考虑，经过进一步的分析，人们已经证明了如下重要结论：

① 每一个关系代数表达式都有一个等价的安全的元组演算表达式。

② 每一个安全的元组演算表达式都有一个等价的安全的域演算表达式。

③ 每一个安全的域演算表达式都有一个等价的关系代数表达式。

按照上述 3 个结论，即得到关系代数、元组关系演算和域演算的等价性。

§2.2 习题解析

2.2.1 选择题

1. 数据的完整性是指数据的正确性、有效性和（　　）。
　　A. 可维护性　　　　　　　　　　B. 独立性
　　C. 安全性　　　　　　　　　　　D. 相容性

【解析】完整性规则是给定的数据模型中数据及其联系所具有的制约和依存规则，用以限定符合数据模型的数据库状态及其状态的变化，以保证数据的正确性、有效性和相容性。因此，A 选项、B 选项和 C 选项都是错误的。

[参考答案] D。

2. 关系中的"主关键字"不允许取空值是指（　　）约束规则。
　　A. 实体完整性　　　　　　　　　B. 引用完整性
　　C. 用户定义完整性　　　　　　　D. 数据完整性

【解析】关系中的"主键"不允许取空值，因为关系中的每一行都代表一个实体，而实体的区分就是靠主键的取值来唯一标识的，如果主键值为空，意味着存在着不可识别的实体，所以这种约束规则是实体完整性约束规则。由于引用完整性规则要求"不允许引用不存在的实体"，所以 B 选项错误。用户定义完整性规则反映某一具体应用所涉及的数据必须满足的语义要求，所以 C 选项是错误的。

[参考答案] A。

3. 在关系模型中可以有 3 类完整性约束条件，任何关系必须满足其中的（　　）条件。
　　A. 参照完整性、用户定义完整性　　B. 数据完整性、实体完整性
　　C. 实体完整性、参照完整性　　　　D. 动态完整性、实体完整性

【解析】为了维护数据库中数据与现实世界的一致性，关系数据库的插入、删除和修改操作必须遵循下述 3 类完整性规则。

（1）实体完整性规则，这条规则要求关系中的元组的主键不能为空值。如果出现空值，那么主键就起不到唯一标识元组的作用。

（2）参照完整性规则，这条规则要求"不允许引用不存在的实体（即元组、记录等）"。前两类是关系模型必须满足的完整性规则，应该由系统自动支持。

（3）用户定义完整性规则，这是针对某一具体数据的约束条件，由应用环境决定。它反映某一具体应用所涉及的数据必须满足的语义要求。关系模型应提供定义和检验这类完整性的机制，以便用统一的、系统的方法处理它们，而不要由应用程序担负这一功能。因此，A 选项、B 选项和 D 选项都是错误的。

[参考答案] C。

4. 下列对于关系的叙述中，（　　）的叙述是不正确的。
　　A. 关系中的每个属性是不可分解的　　B. 在关系中元组的顺序是无关紧要的
　　C. 任意的一个二维表都是一个关系　　D. 每一个关系只有一种记录类型

【解析】对关系来说，必须具有以下性质。

（1）每一列的分量是同一类型的数据，来自同一个域。

（2）不同的列可以出自同一个域，称其中的每一列为一个属性，不同的属性要给予不同的属性名。

（3）行或列位置顺序无关紧要，即行或列的次序可以任意交换。

（4）任意两个元组不能完全相同。

（5）分量必须取原子值，即每一个分量必须是不可再分的数据项。

一个关系对应一个二维表，但一个二维表不一定都能成为一个关系，如复式表格（数据项下还有子项）就不是一个关系，只有符合一定要求的二维表才能表示关系。

[参考答案] C。

5. 设关系 R 和 S 的元数分别是 3 和 4，关系 T 是 R 与 S 的笛卡尔积，即 T=R×S，则关系 T 的元数是（   ）。

    A. 7   B. 9   C. 12   D. 16

【解析】笛卡尔积的定义是设关系 R 和 S 的元数分别是 r 和 s，R 和 S 的笛卡尔积是一个（r+s）元属性的集合，每一个元组的前 r 个分量来自 R 的一个元组，后 s 个分量来自 S 的一个元组。所以关系 T 的属性元数是 3+4=7。

[参考答案] A。

6. 数据库的完整性是指数据库的正确性和相容性。下列叙述不是 DBMS 的完整性控制机制的是（   ）。

    A. 提供定义完整性约束

    B. 检查用户发出的操作请求是否违背了完整性约束条件

    C. 系统提供一定的方式让用户标识自己的名字或身份，用户进入系统时，由系统核对用户提供的身份标识

    D. 如果发现用户的操作请求使数据违背了完整性约束条件，则采取一定的动作来保证数据的完整性

【解析】C 选项叙述的是数据库安全性控制的方法之一，所以 C 不是完整性控制机制的内容。DBMS 的完整性控制机制包括如下 2 方面：

（1）定义功能：提供定义完整性约束。

（2）检查功能：检查用户发出的操作请求是否违背了完整性约束的条件。

如果发现用户的操作请求使数据违背了完整性约束条件，则采取一定的动作来保证数据的完整性。由 DBMS 完整性控制机制可知，A、B 和 D 选项说法都是正确的。

[参考答案] C。

7. 对关系模型叙述错误的是（   ）。

    A. 建立在严格的数学理论、集合论和谓词演算公式基础之上

    B. 微机 DBMS 绝大部分采取关系数据模型

    C. 用二维表表示关系模型是其一大特点

    D. 不具有连接操作的 DBMS 也可以是关系数据库管理系统

【解析】关系模型采用二维表表示实体及实体间的联系，实体间的联系是通过不同关系中的公共属性来实现的。若关系 DBMS 不提供连接操作，将无法完成涉及多个表之间的查询操作。所以 A、B 和 C 选项的描述都是正确的。

[参考答案] D。

8. 有两个关系 R 和 S，分别包含 15 个和 10 个元组，则在 R∪S，R-S，R∩S 中，不可能出现

的元组数目情况是（　　）。

    A．15，5，10   B．18，7，7

    C．21，11，4   D．25，15，0

【解析】关系的基本运算包括并运算、交运算、差运算。

（1）并运算：关系 R 和关系 S 的所有元组合并，再删除重复的元组，组成一个新的关系，记为 R∪S。

（2）交运算：关系 R 和关系 S 的交是由既属于 R 又属于 S 的元组组成的集合，即在两个关系 R 和 S 中取相同的元组，组成一个新的关系，记为 R∩S。

（3）差运算：关系 R 和关系 S 的差是由属于 R 而不属于 S 的元组组成的集合，即关系 R 中删除与关系 S 中相同的元组，组成一个新的关系，记为 R-S。

由以上分析可知，存在以下等式关系：

R∪S 关系元组数目=R 关系元组数目+S 关系元组数目-R∩S 关系元组数目；

R-S 关系元组数目=R 关系元组数目-R∩S 关系元组数目。

对于选项 A：若 R∩S 有 10 个元组，那么 R∪S 有 15 个元组，R-S 有 5 个元组，所以 A 选项可能是正确的。

对于选项 B：若 R∩S 有 7 个元组，那么 R∪S 有 18 个元组，R-S 应有 8 个元组，所以 B 选项是错误的。

对于选项 C：若 R∩S 有 4 个元组，那么 R∪S 有 21 个元组，R-S 应有 11 个元组，所以 C 选项可能是正确的。

对于选项 D：若 R∩S 有 0 个元组，那么 R∪S 有 21 个元组，R-S 应有 15 个元组，所以 D 选项可能是正确的。

由此可见，所给选项中只有 B 选项不符合上述等式关系。

[参考答案] B。

9．在下面两个关系中，职工号和部门号分别为职工关系和部门关系的主关键字。

职工(职工号，职工名，部门号，职务，工资);

部门(部门号，部门名，部门人数，工资总额)。

在这两个关系的属性中，只有一个属性是外关键字。它是（　　）。

    A．"职工"关系中的"职工号"   B．"职工"关系中的"部门号"

    C．"部门"关系中的"部门号"   D．"部门"关系中的"部门名"

【解析】外关键字的定义是：如果一个关系中的属性或属性组合并非该关系的键，但却是另外一个关系的主关键字，则称其为该关系的外关键字。在"职工"关系中，"部门号"并非职工关系的主关键字，但却是"部门"关系的主关键字，所以它是"职工"关系的外关键字。

[参考答案] B。

10．下列关系运算中，（　　）不要求关系 R 与关系 S 具有相同的属性个数。

    A．R×S   B．R∪S   C．R∩S   D．R-S

【解析】对于选项 A，表示关系 R 和关系 S 的笛卡尔积。定义笛卡尔积是一个 R+S 的元组集合，每个元组的前 r 个分量来自关系 R 的一个元组，后 s 个分量来自关系 S 中的一个元组，这里关系 R 和关系 S 不要求具有相同的属性个数。对于选项 B，R∪S 表示关系 R 和关系 S 的并运算，由属于关系 R 或属于关系 S 的元组组成的集合，这里要求关系 R 和关系 S 具有相同的属性个数。对于选项 C，R∩S 表示关系 R 和关系 S 的交运算，由既属于关系 R 又属于关系 S 的元组组成的集合，这里要求关系 R 和关系 S 具有相同的属性个数。对于选项 D，R-S 表示关系 R 和关系 S 的差运算，由属于关系 R 但不属于关系 S 的元组组成的集合，要求关系 R 和关系 S 具有相同的属性个数。综上分析可知，B、C 和 D 选项都是错误的。

[参考答案] A。

2.2.2　填空题

1．在关系模型中，实体和实体之间的联系是由单一的结构类型——关系表来表示的，关系模型的物理表示为_____。

【解析】关系模式是对关系的描述，例如对于一个二维表格，表格的表头就是该表格所表示的关系的数据结构的描述。表的每一行表示一个元组，表的每一列对应一个域。

[参考答案] 二维表格。

2．数据库完整性的实现应该包括两个方面：一是系统要提供定义完整性约束条件的功能；二是提供_____的方法。

【解析】数据模型应该反映和规定本数据模型必须遵守的、基本的、通用的完整性约束条件，它主要包括实体完整性规则和引用完整性规则，应该由系统自动支持。此外，数据模型还应该提供定义完整性约束条件的机制，以反映具体应用所涉及的数据必须遵守的特定的语义约束条件，它主要包括用户定义完整性规则，不是由应用程序实现这部分功能。

[参考答案] 检查完整性约束条件。

3．关系的数据操纵语言按照表达式查询方式可以分为两大类：关系代数和_____。

【解析】关系代数是一种抽象的查询语言，是关系数据操纵语言的一种传统表达方式，它是用对关系的运算来表达查询的。关系演算是以数理逻辑中的谓词演算公式为基础的。

按照谓词变元的不同，关系演算可以分为元组关系演算和域关系演算。它也是关系数据操纵语言的一种表达方式。

[参考答案] 关系演算。

4．在关系模型中，若属性 A 是关系 R 的主关键字，则在 R 的任何元组中，属性 A 的取值都不允许为空，这种约束称为_____。

【解析】关系数据库在操作时，主要考虑 3 类完整性规则：

（1）实体完整性规则：这条规则要求关系中的元组的主键不能为空值。如果出现空值，那么主键就起不到唯一标识元组的作用。

（2）参照完整性规则：这条规则要求"不允许引用不存在的实体（即元组、记录等）"。

（3）用户定义完整性规则。这是针对某一具体数据的约束条件，由应用环境决定；它反映了某一具体应用所涉及的数据必须满足的语义要求。其中，实体完整性规则是对关系中主属性（主键）的值的约束规则，即主键值不允许为空。

[参考答案] 实体完整性。

5．关系是一种规范化了的二维表格，其行称为_____，其列表示_____。

【解析】关系与二维表格、传统的数据文件既有相似之处，又有区别。从严格意义上讲，关系是一种规范化了的二维表格，其行称为元组，其列表示属性。

[参考答案] 元组，属性。

6．两个关系没有公共属性时，其自然连接操作表现为_____操作。

【解析】自然连接是在两个关系的公共属性上进行的等值连接。但是当两个关系没有公共属性时，自然连接操作就演变为笛卡尔积操作。

[参考答案] 笛卡尔积。

7. 在域关系演算中，域变量的变化范围是_____。

【解析】在关系演算中，根据所用变量不同分为元组关系演算和域关系演算。域关系演算以域为变量。

[参考答案] 某个值域。

8. 根据关系模型的完整性规则，一个关系中的主键不能有_____个。

【解析】实体完整性规则中指出一个关系中的主键值不能出现相同或为空值。

[参考答案] 两。

9. 设关系 R 有 K1 个元组，关系 S 有 K2 个元组，则关系 R 和 S 的自然连接后的结果关系的元组数目是_____个。

【解析】两个关系的连接操作只包含那些满足连接条件的元组的组合。

[参考答案] ≤K1×K2。

10. 设关系 R 有 K1 个元组，关系 S 有 K2 个元组。则关系 R 和 S 的笛卡尔积有_____个元组。

【解析】两个关系的笛卡尔积包含两关系的所有元组的组合。

[参考答案] K1×K2。

2.2.3 问答题

1. 关系模型由哪几部分组成？

【解析】关系模型由关系数据结构、关系操作集合和关系完整性约束三部分组成。

2. 笛卡尔积、等值连接、自然连接三者之间有什么区别？

【解析】笛卡尔积是一个基本操作，而等值连接和自然连接是组合操作，它是两个关系中所有公共属性进行等值连接的结果。等值连接不把重复的属性去除，而自然连接是去除重复属性的等值连接，自然连接一定是等值连接，但等值连接不一定是自然连接。

3. 为什么关系中的元组没有先后顺序？

【解析】由于关系定义为元组的集合，而集合中的元素是没有顺序的，因此关系中的元组对用户而言没有先后顺序，在关系中区分哪一个元组依据的是主键的值而不是行的顺序。

4. 关系代数运算与关系演算运算有什么区别？

【解析】关系代数运算是以关系为运算对象，由并、差、笛卡尔积、投影、选择 5 个基本操作进行有限次的复合运算。关系演算运算是以元组或域为运算对象，由数理逻辑的谓词进行有限次的演算。

5. 关系查询语言根据其理论基础的不同分为哪两类？

【解析】关系代数语言：查询操作是以集合操作为基础运算的 DML 语言。（非过程性弱）

关系演算语言：查询操作是以谓词演算为基础运算的 DML 语言。（非过程性强）

6. 关系演算有哪两种？

【解析】关系演算可分为元组关系演算和域关系演算。前者以元组为变量，后者以属性（域）为变量。

7. 为什么对关系代数表达式进行优化？

【解析】关系代数表达式由关系代数操作组合而成。操作中，笛卡尔积和连接操作费时最多。

如果直接按表达式书写的顺序执行，将花费很多时间，并生成大量的中间结果，致使效率较低。如果在执行前，由 DBMS 的查询子系统对关系代数表达式进行优化，尽可能先执行选择和投影操作，则进行笛卡尔积或连接操作时可以减少中间结果，并节省时间。

8．简述查询优化的优化策略。

【解析】在关系数据库中，对于相同的查询请求存在着多种实现策略。在查询处理过程中，数据库系统必须能从查询的多个执行策略中选择合适的执行策略。优化策略的基本思想如下：

（1）在关系代数表达式中尽可能早地执行选择操作。

（2）把笛卡尔积和随后的选择操作合并成联接运算。

（3）同时计算一连串的选择和投影操作，以免分开运算造成多次扫描文件，从而能节省操作时间。

（4）如果在一个表达式中多次出现某个子表达式，应该将该子表达式预先计算出结果并保存起来，以免重复计算。

（5）适当地对关系文件进行预处理。

（6）在计算表达式之前应先估计一下怎么计算合适。

9．关系数据语言有哪些类型和特点？

【解析】关系数据语言可以分为三类：

关系代数语言，例如 ISBL。

关系演算语言，分为元组关系演算语言，例如 ALPHA、QUEL 和域关系演算语言，例如 QBE。具有关系代数和关系演算双重特点的语言，例如 SQL。

关系数据语言的共同特点是具有完备的表达能力，是非过程化的集合操作语言、功能强，能够嵌入高级语言中使用。

10．在参照完整性中，为什么外键属性的值也可以为空？什么情况下才可以为空？

【解析】在参照完整性中，外键属性的值可以为空，它表示该属性的值尚未确定。但前提条件是该外键属性不是其所在关系的主属性。例如在下面的"学生"表中，"专业号"是一个外键，不是学生表的主属性，可以为空。其语义是，该学生的专业尚未确定。

学生(学号，姓名，性别，专业号，年龄)；

专业(专业号，专业名)。

而在下面的"选修"表中，"课程号"虽然也是一个外键属性，但它又是"选修"表的主属性，所以不能为空。因为关系模型必须满足实体完整性。

课程(课程号，课程名，学分)；

选修(学号，课程号，成绩)。

2.2.4　应用题

1．设有三个关系：S(Sno，Sname，Age，Sex)、SC(Sno，Cno，Grade)、C(Cno，Cname，Teacher)，试用关系代数表达式表示下列查询语句：

【解析】按照要求，对各问题给出查询表达式如下：

（1）查询"张三"老师所授课程的课程号、课程名。

$$\Pi_{Cno,Cname}(\delta_{Teacher='张三'}(C))$$

（2）查询年龄大于 22 岁的男学生的学号与姓名。

$$\prod_{Sno,\ Cname}(\delta_{Age>22 \wedge Sex='男'}(S))$$

（3）查询学号为 20121101 的学生所学课程的课程名与任课教师名。

$$\prod_{Cname,Teacher}(\delta_{Sno='20121101'}(SC \infty C))$$

（4）查询至少选修"李四"老师所授课程中一门课的女学生的姓名。

$$\prod_{Sname}(\delta_{Sex='女' \wedge Teacher='李四'}(S \infty SC \infty C))$$

（5）查询"钱学斌"同学不学的课程的课程号。

$$\prod_{Cno}(C)-\prod_{Cno}(\delta_{Sname='钱学斌'}(S \infty SC))$$

（6）查询全部学生都选修的课程的课程号与课程名。

$$\prod_{Cno,Cname}((\delta_{Sno,Cno}(SC)\div\prod_{Sno}(S)) \infty C)$$

（7）查询选修课程包含"张三"老师所授全部课程的学生的学号。

$$\prod_{Sno,Cno}(SC)\div\prod_{Cno}(\delta_{Teacher='张三'}(C))$$

2. 在教学管理数据库中，查询女同学选修课程的课程名和任课教师名，并且要求：

（1）写出该查询的关系代数表达式。

（2）画出该查询初始的关系代数表达式的语法树。

（3）使用优化算法，对语法树进行优化，并画出优化后的语法树。

（4）写出查询优化的关系代数表达式。

【解析】

（1）该查询的关系代数表达式为：

$$\prod_{Cname,\ Teacher}(\delta_{Sex='女' \wedge S.Sno=SC.Sno \wedge SC.Cno=C.Cno}(S \times SC \times C))$$

（2）查询初始的关系代数表达式语法树如图 2-1 所示。

（3）使用优化算法对语法树进行优化，优化后的语法树如图 2-2 所示。

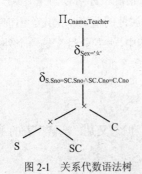

图 2-1 关系代数语法树

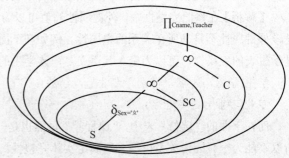

图 2-2 优化后的语法树

（4）查询优化的关系代数表达式为：

$$\prod_{Cname,Teacher}((\delta_{Sex='女'}(S) \infty SC) \infty C)$$

3. 设教学管理系统数据库中有两个关系模式：Student(Sno，Sname，Age，Sex)；SC(Sno，Cno，Grade)。查询选修了课程 Cno='C110'的学生姓名，要求给出查询优化语法树。

【解析】根据题意，优化步骤如下：

（1）查询转换成某种内部表示（如语法树）：关系代数语法树如图 2-3 所示。

（2）代数优化：利用优化算法把关系代数语法树转换成标准（优化）形式。为此，利用等价规则 4 和规则 6，把选择 $\delta_{SC.Cno='C110}$ 移到叶端形成标准（优化）图，如图 2-4 所示。

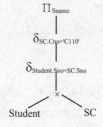
图 2-3　关系代数语法树

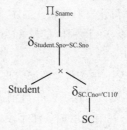
图 2-4　优化后关系代数语法树

§2.3　技能实训

本章介绍两项实训内容：创建数据表和管理数据表。数据库的操作大多是以数据表为对象的。

2.3.1　创建数据表

【实训背景】

数据表是 SQL Server 2008 中最基本的数据库对象，用于存储数据库中的所有用户数据。在建立了 SQL Server 数据库文件（空数据库）后，首先要在该数据库文件中创建的数据库对象就是数据表。在创建数据表前，先要确定表的结构、表的字段组成、每个字段的数据类型和字段属性等。标准数据表的创建既可以用关系数据库语言 SQL 提供的创建表语句实现，也可以用对象资源管理器来实现。

在定义基本表时，对于某些列和表要进行完整性约束条件定义，以实现实体完整性、参照完整性和用户定义完整性。通常完整性约束根据其作用的范围分为列级约束和表级约束。列级约束通常包含在列的定义中，对该列进行约束；表级约束通常被放在该表最后一列定义之后，对整个表进行约束。另外，有些约束既是列级约束，又是表级约束。

【实训目的】

（1）了解 SQL Server 2008 表的结构特点。

（2）了解 SQL Server 2008 的基本数据类型。

（3）掌握使用 SQL Server Management Studio 创建数据表的方法。

（4）掌握使用 T-SQL 语句创建数据表的方法。

（5）理解约束的概念。

【实训内容】

（1）利用 SQL Server Management Studio 创建、修改和删除数据表。

（2）利用 T-SQL 语句创建、修改和删除数据表。

（3）创建主键约束、缺省约束、Check 约束、唯一约束和外键约束。

【实训步骤】

1. 利用 SQL Server Management Studio 创建、修改和删除数据表

（1）启动 SQL Server Management Studio：执行"开始"→"所有程序"→Microsoft SQL Server 2008→SQL Server Management Studio 命令，显示"连接服务器"对话框，单击"连接"按钮，按默认方式连接服务器。

（2）新建数据表：在"对象资源管理器"窗口中，依次展开结点"数据库"→Sales，右击"表"，

在快捷菜单中选择"新建表"选项，显示"新建表"对话框。此时，可按照主教材表 9-7 学生信息表（StudentInfor）、表 9-8 课程信息表（CourseInfor）、表 9-13 学生修课信息表（StudCourse）的定义创建数据表。

（3）修改数据表：在"对象资源管理器"窗口中，依次展开结点"数据库"→Sales→"表"，在快捷菜单中选择"设计"选项，在查询窗口中选择并显示表的结构。此时，进行如下修改：

- 在学生信息表中，增加备注字段，字段名 memo，字段类型 nvarchar，字段长度 200，允许为空。
- 在数据表 StudentInfor 中，删除备注字段 memo。
- 在数据表 CourseInfor 中，对于字段 CourseName 设置 UNIQUE 约束。
- 在数据表 StudCourse 中，对于字段 ExamGrade 设置 CHECK 约束，其取值在 0～100 之间。
- 在数据表 StudCourse 中，对于字段 Scode 设置 FOREIGN KEY 约束，其取值参考数据表 StudentInfor 中 Scode 字段取值。

（4）删除数据表：在"对象资源管理器"窗口中，依次展开结点"数据库"→Sales→"表"，右击要删除的表名，例如修课信息表（StudCourse），在快捷菜单中选择"删除"选项，显示"删除对象"窗口。

2．利用 T-SQL 语句创建、修改和删除数据表

在 SQL 编辑器中，启动 SQL Server Management Studio，然后进行语句操作。

（1）利用 T-SQL 的 CREATE TABLE 命令语句创建学生信息表（StudentInfor）、课程信息表（CourseInfor）、学生修课信息表（StudCourse）。

（2）利用 T-SQL 的 ALTER TABLE 命令语句修改数据表：

- 在学生信息表（StudentInfor）中，增加身份证号键字段，字段名 code，字段类型 char，字段长度 18，允许为空。
- 在学生信息表（StudentInfor）中，对于字段 code 设置 UNIQUE 约束。
- 在学生信息表（StudentInfor）中，删除身份证号键字段 code。
- 在学生修课信息表（StudCourse）中，对于字段 ExamGrade 设置 CHECK 约束，其取值在 0～100 之间。
- 在学生修课信息表（StudCourse）中，对于字段 Ccode 设置 FOREIGN KEY 约束，其取值参考课程信息表（CourseInfor）中 Ccode 字段取值。

（3）利用 T-SQL 的 DROP TABLE 命令语句删除学生信息表（StudentInfor）。

2.3.2　管理数据表

【实训背景】

在创建一个表结构后，此时还只是一张空表，表中并没有数据信息，用户可以使用插入操作录入数据，也可以对表中数据进行修改、删除等更新操作。

【实训目的】

（1）掌握使用 SQL Server Management Studio 对数据表进行插入、修改和删除数据的操作。

（2）掌握使用 T-SQL 语句对数据表进行插入、修改和删除数据的操作。

【实训内容】

（1）利用 SQL Server Management Studio 向数据表中添加、修改和删除数据。

（2）利用 T-SQL 语句向数据表中添加、修改和删除数据。

【实训步骤】

1. 利用 SQL Server Management Studio 实现数据插入、修改和删除

（1）插入数据：启动 SQL Server Management Studio，在"对象资源管理器"窗口中，依次展开结点"数据库"→Sales→"表"，向学生信息表（StudentInfor）、课程信息表（CourseInfor）和学生修课信息表（StudCourse）中添加数据。数据内容可采用主教材图 1-10 中的学生关系、课程关系和学习关系中的数据信息。

（2）修改数据：在"对象资源管理器"窗口中，对上述数据表中的数据进行如下修改：

- 在学生信息表中，将表中的数据改为你同班同学的数据信息。
- 在课程信息表中，将表中的数据改为你本学期开设课程的数据信息。
- 在修课信息表中，将表中的数据改为你本人上学期各门课程考试成绩。

（3）删除数据：在"对象资源管理器"窗口中，对上述数据表中的数据进行删除。删除修课信息表中成绩小于 60 分的记录，将其置空。如果没有成绩小于 60 分的记录，则删除你认为在教学管理中比较次要的数据信息。

2. 利用 T-SQL 语句实现数据添加、修改和删除

（1）插入数据：启动 SQL Server Management Studio，在 SQL 编辑器中，利用 T-SQL 语句 INSERT INTO 命令向学生信息表（StudentInfor）、课程信息表（CourseInfor）和学生修课信息表（StudCourse）中添加数据。数据内容可采用主教材图 1-10 中的学生关系、课程关系和学习关系中的数据信息。

（2）修改数据：启动 SQL Server Management Studio，在 SQL 编辑器中，利用 T-SQL 语句 UPDATE 命令修改表数据：

- 在学生信息表中，将表中的数据改为你同班同学的数据信息。
- 在课程信息表中，将表中的数据改为你本学期开设课程的数据信息。
- 在修课信息表中，将表中的数据改为你本人上学期各门课程考试成绩。

（3）删除数据：启动 SQL Server Management Studio，在 SQL 编辑器中，利用 T-SQL 语句 DELETE 命令删除修课信息表中成绩小于 60 分的记录，将其置空。如果没有成绩小于 60 分的记录，则删除你认为在教学管理中比较次要的数据信息。

§2.4　知识拓展——从关系数据库到新一代数据库技术

为了使读者对数据库技术有更加全面的了解，这里简要介绍目前占有统治地位的关系数据库、关系数据库系统的局限性和新一代数据库技术。

2.4.1　关系数据库的概况

目前广泛使用的是基于关系数据模型（Relational Data Model，RDM）的关系数据库（Relational Data Base，RDB）。关系数据模型通常简称为关系模型，它是在层次模型和网状模型之后发展起来的一种逻辑数据模型，具有严格的数据理论基础，并且其表示形式更加符合现实世界中人们的常用形式。把关系技术最早引入数据库领域的是美国 IBM 公司 San Jose 研究所的埃德加·科德（Edgar Frank Codd）博士（研究员）。1970 年 6 月他在美国计算机学会会刊《Communications of ACM》上发表了名为"大型共享数据库的数据关系模型"（A Relational Model of Data for Large Shared Databanks）的论文，把数学中一个称为关系代数的分支应用到存储大量数据问题中，首次明确而清晰地提出了关系模型的概念，从而奠定了关系数据库的理论基础，开创了数据库的关系方法和关

系规范化理论的研究，并且从理论到实践都取得了辉煌成果。

在理论上，他提出了数据的关系表示与物理实现的独立，确立了完整的关系理论、数据依赖理论以及关系数据库的设计理论等；给出了关系模型的严格定义及逻辑数据库结构的规范化标准，并且在关系的数学定义基础上，提出了实现独立的数据库操纵的非过程化操纵语言，该语言集数据库的数据定义、数据操纵和数据控制于一体。使用方便灵活，不过分依赖于数据结构的细节。在实践上，开发了许多著名的关系数据库管理系统，关系数据库系统就是采用关系数据模型构建数据库的。

正是由于关系模型所具有的这些主要优点，已成为目前使用最为广泛的数据模型，使得基于关系模型的数据库管理系统成为当今实用系统的主流。

2.4.2　关系数据库的局限性

围绕数据库结构和模型的演变，数据库技术在发展过程中经历了网状数据库、层次数据库和关系数据库。网状数据库和层次数据库主要解决了数据的集中和共享问题，但在数据独立性和抽象级别上仍有很大欠缺。用户在这两种数据库上进行存取操作时，必须明确数据的存储结构，具体指明存取路径。为了弥补这些不足，人们开始将目光转向关系数据库管理系统。20 世纪 80 年代以来，软件厂商推出的数据库管理系统几乎都支持关系模型，关系数据库在目前的数据库应用领域中占有绝对的统治地位。然而，当试图把关系数据库系统运用到现代新的应用领域时，便显现出传统关系数据库的一些局限和不足，主要体现以下 4 个方面。

1. 关系数据模型的表达能力有限

关系数据库采用的是高度结构化的表格结构的数据模型，是面向机器的语法模型，语义表达能力差。它们只能存储离散的数据和有限的数据之间的关系，难以表示客观存在的超文本、图形、图像、CAD 图件、声音等多种复杂对象；缺乏对工程、地理、测绘等领域对象所拥有的许多复杂异形结构的抽象机制和非结构化数据的表达能力；不能有效地处理在许多事务处理中用到的多维数据，无法描述现实世界的复杂对象和揭示数据之间的深层次含义及内在联系，缺乏数据抽象。

2. 关系模型支持的数据类型有限

关系数据库管理系统只能理解、存储和处理诸如整数、浮点数、字符串、日期、货币等简单数据类型，不提供自定义数据类型机制和扩展自身数据类型集的能力。复杂的应用只能由用户编写程序，借助高级程序设计语言功能利用简单的数据类型进行描述和支持，这无疑加重了用户的负担，也不能保证数据的一致。特别是面对 Internet 飞速发展而涌现出来的大量的如图形、声音、大文本、时间序列和地理信息等这样的非结构化复杂数据类型，关系系统更显得力不从心。

3. 关系数据库所具备的功能有限

关系数据库系统存储和管理的对象是数据，对数据施行存储、管理、查询、排序、生成报表等简单操作，缺乏对知识的表达、管理和处理能力，不具备演绎和推理的功能。由于数据库中的数据反映的是客观世界中的静态和被动的事实，不能够在发现异常情况时主动响应和通过某些操作处理意外事件，因而不能满足 MIS、DSS 和 AI 等领域中的高层管理和决策需求，从而极大地限制了数据库技术的高级应用。

4. 关系数据库中的 SQL 能力有限

关系数据库的 SQL 是一种面向集合的非过程性语言，而作为主语言的通用程序语言（例如 C 语言）是面向过程的语言，所以这两种语言的类型不匹配。关系数据库的一条 SQL 查询（SELECT）语句通常是将含有多行的数据集（查询结果）返回给应用程序，但宿主语言（例如 C 语言）每次一般只能表示和处理一个元组的数据，即 SQL 是在集合上操作，而宿主语言是在集合的成员上操作。这种表示和处理能力上的不匹配使得查询结果的输出和显示变得比较麻烦，所以才引入游标机制将对集合的操作转换成对单个元组的操作，以此弥补数据库操纵语言与宿主语言之间的不匹配，我们将其称为阻抗失配。

面对数据库应用领域的不断扩展和用户要求的多样化、复杂化，传统的数据库技术遇到了严峻的挑战。也正是关系数据库存在的上述这些局限，决定了新一代数据库技术的研究方向。

2.4.3　新一代数据库技术

随着计算机科学技术的飞速发展，数据库系统的应用已经从商业数据处理迅速拓展到诸如超大型数据检索、数据仓库、联机数据分析、数据挖掘等许多应用领域。这些应用领域的特点是数据量大、复杂度高、用户数目多，对数据库系统的处理能力提出了非常高的要求，这些应用需求也直接驱动了新一代高性能数据库的研究，各种新型数据库系统应运而生。

1. 数据库技术与应用领域相结合

为了适应数据库应用多元化的要求，在传统数据库技术的基础上，结合各个应用领域的特点，研究和开发出适合该应用领域的数据库技术，并在此基础上产生和发展了一系列支持特殊应用领域的新型数据库，例如数据仓库是信息领域近年来迅速发展起来的数据库技术，数据仓库的建立能充分利用已有的资源，把数据转换为信息，从中挖掘出知识，提炼出智慧，最终创造出效益；工程数据库系统的功能是用于存储、管理和使用面向工程设计所需要的工程数据；统计数据是来自于国民经济、军事、科学等各种应用领域的一类重要的信息资源，由于对统计数据操作的特殊要求，从而产生了统计学和数据库技术相结合的统计数据库系统等。数据库技术在特定领域的应用，为数据库技术的发展提供了源源不断的动力。

2. 数据库技术与多学科技术相结合

随着数据库技术应用领域的不断扩展，各种学科技术与数据库技术的有机结合和渗透，从而使数据库领域中的新内容、新应用、新技术层出不穷，数据库的许多概念、技术内容、应用领域，甚至某些原理都有了重大的发展和变化，形成和产生了一系列新型数据库系统。例如：

- 数据库技术与分布处理技术相结合，产生了分布式数据库系统；
- 数据库技术与并行处理技术相结合，产生了并行数据库系统；
- 数据库技术与人工智能相结合，产生了演绎数据库系统、知识库和主动数据库系统；
- 数据库技术与多媒体处理技术相结合，产生了多媒体数据库系统；
- 数据库技术与模糊技术相结合，产生了模糊数据库系统；
- 数据库技术与移动通信技术相结合，产生了移动数据库系统；
- 数据库技术与 Web 技术相结合，产生了 Web 数据库系统；
- 数据库技术与传感器网络相结合，产生了传感器网络数据库系统等。

3. 数据库技术与面向对象方法相结合

20 世纪 80 年代后期出现的面向对象设计方法对计算机的各个领域，包括程序设计、软件工程、信息系统设计、计算机硬件设计等都产生了深远影响。同时，也给面临机遇和挑战的数据库技术带来了机会和希望。数据库领域研究人员借鉴面向对象方法和技术，提出了面向对象模型和新一代数据库的发展方向，促进了数据库在一个新的技术平台上的继续发展。

在数据库技术的发展过程中，数据的组织模型经历了从层次模型、网状模型、关系模型到最新的面向对象模型的发展历程，数据模型的每一次变化都为数据的访问和操作带来新的特点和功能。

关系数据模型的产生使人们可以不再需要知道数据的物理组织方式就可以逻辑地访问数据。面向对象数据模型的产生突破了关系模型中数据必须是简单二维表的平面结构,使数据模型的表达能力更强,更能表达人们对数据的需求。

数据库技术的新发展除了表现在数据模型越来越复杂,数据模型包含的语义越来越多外,还呈现出多角度、全方位的发展态势。如分布式数据库、面向对象数据库、多媒体数据库、主动数据库、并行数据库、演绎数据库、模糊数据库、联邦数据库等,形成了共存于当今社会的数据库大家族,而且这些都是数据库技术重要的发展方向。

充分利用相关学科领域的技术成果,使数据库技术与多学科技术相互结合与相互渗透是当前数据库技术发展的重要特征。新一代数据库技术的发展,一方面立足于传统数据库已有的成果和技术,并在其基础上改进;另一方面,立足于新的应用需求和计算机技术的发展,研究全新的数据库系统。各种新型数据库的研究与发展概况,将在后面各章的知识拓展中予以介绍。

第3章 结构化查询语言——SQL

【问题描述】关系数据库的标准语言是结构化查询语言（Structured Query Language，SQL）。它是一种通用的，功能强大的，集数据库的定义、操纵和控制于一体的关系数据库语言。目前，几乎所有的关系数据库管理系统都支持 SQL 语言，它作为国际化的标准语言广泛应用于关系数据库管理系统之中。SQL 的主要操作包括查询、插入、删除、修改和控制。

【辅导内容】给出本章的学习目标、学习方法、学习重点、学习要求、关联知识，以及相关概念的区分。然后，给出本章的习题解析、技能实训，以及知识拓展（面向对象数据库系统）。

【能力要求】通过学习引导，掌握本章的知识要点；通过习题解析，掌握 SQL 的基本概念和语法结构；通过技能实训，掌握数据库的查询操作、索引操作和视图操作的基本方法；通过知识拓展，了解面向对象数据库系统的基础知识。

§3.1 学习引导

主教材第 3 章的主要内容有 SQL 的功能特点、SQL 数据顶、SQL 数据查询、SQL 数据操作。SQL 是所有数据库管理系统中的标准通用语言，必须熟练掌握。

3.1.1 学习导航

1. 学习目标

结构化查询语言是关系数据库的标准语言，本章主要讲授 SQL 在数据库中的应用。目前，几乎所有的关系型数据库管理系统，如 Oracle、Sybase、Microsoft SQL Server 和 Access 等均采用 SQL 标准。因此，必须熟悉和掌握它。本章的学习目标：一是要掌握对数据库的基本操作，并了解数据库管理系统的基本功能；二是要熟练掌握 SQL 查询语句，并运用 SQL 语句完成对数据库的操作。通过本章学习，掌握 SQL 的查询、插入、删除、修改和控制等语句的语法规则以及查询条件的组织和表示问题。

2. 学习方法

各种语言都有一套完整的语法规则，学习和掌握一门语言的关键是在实践中提高。因此，要求读者结合课堂讲授的语法规则，通过大量的上机编程实践，方能加深对语法规则的理解，达到熟练、灵活应用的目的。

3. 学习重点

本章详细介绍了关系数据库标准语言 SQL 的数据定义、数据查询、数据更新等语句的语法和使用，以及视图、存储过程、嵌入式 SQL 和动态 SQL 语句。其中：数据定义、数据查询、数据更新、视图等内容是本章的学习重点，也是关系数据库 SQL 语言编程重点，而数据查询语句的灵活运用更是学习关系数据库标准语言 SQL 的难点。

4. 学习要求

各种语言，都是由一套完整的语言规则所构成的，而各种规则，都有特定的使用方法，其中有些规则彼此之间，既有相似性，又有本质上的区别。通过本章学习，要求了解什么是数据库的用户接口、SQL 的 4 大功能、SQL 中的视图；掌握基本表模式定义和修改的操作命令、查询语句的定义和应用、视图的定义和操作等。

5．关联知识

SQL 是实现对数据库进行操作的工具语言。SQL 与第 2 章讨论的关系数据模型都是关系数据库查询问题，它们之间的主要区别在于：元组关系演算和域关系演算是评估实际系统中查询语言能力的标准和理论基础；SQL 是介于关系代数和关系演算之间、具有双重特点的结构化查询语言，SQL 与关系代数和关系演算构成一个完整的关系数据库查询语言体系。

3.1.2　相关概念的区分

关系数据库查询语言 SQL 是关系数据库中基本而重要的内容，是专为数据库而建立的通用数据库语言。在本章学习过程中，应注意以下概念的区分。

1．数据库语言与高级语言的区别

使用 C 语言一类的高级语言进行程序设计时，需要用户了解数据的存储结构、存储方式等相关情况，并且需要详细说明如何做的全部过程，因而将这类语言称为过程化（Procedural）的语言。

在关系数据库的应用中，采用的是一种对用户更加方便、简洁、友好的查询语言，使用这种语言进行数据操作时只要提出"做什么"，而不必指明"如何做"，对于存取路径的选择和语句的操作过程均由系统自动完成，这就是数据库语言。SQL 是典型的数据库语言，它不需要详细说明如何做的全部过程，因而将这类语言称为非过程化（Non Procedural）的语言。

2．数据库语言与宿主语言的区别

数据库语言本身不是完备的程序设计语言，不能用来独立编制应用程序。在实际应用时通常将数据库语言嵌入到一种高级程序设计语言中（例如 C/C++），我们把在这种状态下使用的程序设计语言称为数据库的宿主语言。数据库语言主要用于访问数据库，而宿主语言主要用来处理数据。

3．基本表与视图的区别

在关系型数据库中，数据以行和列的形式进行存储，这一系列的行和列的几何表示称为表（Table），而这样的一组表便组成了数据库。在 SQL 中，一个关系对应一个基本表（Base Table），它是由行（Rows）和列（Columns）组成的二维数组，用来存放数据库中的数据。其中，列被称为表属性或字段，用来保存各类数据的元素，表中的每一列拥有一个名字，包含具体的数据类型；行是数据库表中的一条记录，由各字段组成。

视图（View）是从一个或几个基本表（或视图）中选定某些记录或列而导出的特殊类型的表。它与基本表不同，视图本身并不存储数据，数据仍存储在原来的基本表中，视图数据是虚拟的，它只提供一种访问基本表中数据的方法。

4．数据目录与基本表的区别

数据目录是一组关于数据的数据，也称元数据。数据目录用来存放数据的定义和描述，由数据库系统管理和使用。数据目录主要为 DBMS 服务，其内容包括基本表、视图定义、存取路径、访问权限、查询优化的统计数据等。

数据目录虽然由若干个表组成，但与一般表有着许多区别：

- 数据目录形式上是表，可用 SQL 对其查询。
- 数据目录由系统定义和使用，初始化时由系统自动生成。
- 数据目录是被频繁访问的数据，不允许用户对其进行更新操作，只允许对它进行有控制的查询。而一般的表不仅可以对其进行查询，还可以对其进行更新操作。

§3.2　习题解析

3.2.1　选择题

1. SQL 是关系型数据库系统典型的数据库语言，它是（　　）。

    A. 过程化语言　　　　　　　　　　B. 结构化查询语言

    C. 格式化语言　　　　　　　　　　D. 导航式语言

【解析】关系数据库的标准语言是结构化查询语言（Structured Query Language，SQL）。它是一种通用的、功能强大的关系数据库语言。

[参考答案] B。

2. SQL 集数据查询、数据操纵、数据定义和数据控制功能于一体，其中，CREATE、DROP、ALTER 语句是实现（　　）功能。

    A. 数据查询　　　　B. 数据操纵　　　　C. 数据定义　　　　D. 数据控制

【解析】SQL 是一个通用的、功能极强的关系数据库语言。SQL 的功能组成可以分为三类：数据定义 DDL、数据操纵 DML、数据控制 DCL。

[参考答案] C。

3. 下列的 SQL 语句中，（　　）不是数据定义语句。

    A. CREATE TABLE　　　　　　　　B. DROP VIEW

    C. CREATE VIEW　　　　　　　　　D. GRANT

【解析】SQL 的数据定义包括模式定义、表定义、索引定义、视图定义和数据库定义。

[参考答案] D。

4. 有关系 S(Sno，Sname，Sage)，C(Cno，Cname)，SC(Sno，Cno，Grage)。其中：

Sno 是学生号，Sname 是学生姓名，Sage 是学生年龄，Cno 是课程号，Cname 是课程名称。要查询选修 Access 课的年龄不小于 20 的全体学生姓名的 SQL 语句是 SELECT SNAME FROM S,C,SC WHERE 子句。这里的 WHERE 子句的内容是（　　）。

    A. S.Sno=SC.Sno and C.Cno=SC.Cno and Sage>=20 and Cname='Access'

    B. S.Sno=SC.Sno and C.Cno=SC.Cno and Sage in>=20 and Cname in 'Access'

    C. Sage in>=20 and Cname in 'Access'

    D. Sage>=20 and Cname='Access'

【解析】整个 SQL 语句的 FROM 子句中有三张表，所以在 WHERE 子句中需要将这三张表按照原本含义，进行两对表之间的主外关键字的关联，再考虑年龄不小于 20 以及选修了 Access 这门课程等条件。通过分析得出选项 A 正确。

[参考答案] A。

5. 设关系数据库中一个表 S 的结构为 S(Sname，Cname，grade)，其中 Sname 为学生名，Cname 为课程名，二者均为字符型；grade 为成绩，数值型，取值范围为 0～100。若要把"张三的数学成绩 96 分"插入 S 中，则可用（　　）。

    A. ADD INTO S VALUES('张三'，'数学'，'96')

    B. INSERT INTO S VALUES('张三'，'数学'，'96')

    C. ADD INTO S VALUES('张三'，'数学'，96)

　　D．INSERT INTO S VALUES('张三', '数学', 96)

【解析】此题考查插入数据的语句 INSERT INTO 的使用以及数量类型的赋值。插入单个元组的 INSERT 语句的格式为：

INSERT INTO<表名>[(<属性列 1>[,<属性列 2>…)]]VALUES(<常量 1[,<常量 2>]…);

［参考答案］D。

　　6. 设关系数据库中一个表 S 的结构为：S(Sname，Cname，grade)，其中 Sname 为学生名，Cname 为课程名，二者均为字符型；grade 为成绩，数值型，取值范围为 0～100。若要更正张三的数学成绩为 85 分，则可用（　　　）。

　　A．UPDATE S SET grade=85 WHERE Sname='张三'AND Cname='数学'

　　B．UPDATE S SET grade='85' WHERE Sname='张三'AND Cname='数学'

　　C．UPDATE grade=85 WHERE Sname='张三'AND Cname='数学'

　　D．UPDATE grade='85' WHERE Sname='张三'AND Cname='数学'

【解析】此题考查的是 UPDATE 更新语句的使用。修改操作又称为更新操作，SQL 数据修改操作语句的一般格式为：

UPDATE<表名>SET<列名>=<表达式>[, <列名>=<表达式>]…[WHERE<条件>]

［参考答案］A。

　　7. SQL 中的视图机制提高了数据库系统的（　　　）。

　　A．完整性　　　　　　B．并发控制　　　　C．隔离性　　　　　D．安全性

【解析】视图的作用为：简化用户的操作；使用户能够以多种角度看待同一数据；对重构数据库提供了一定程度的逻辑独立性；对机密数据提供一定程度的安全保护等。因此，适当地利用视图，可以更清晰地表达查询。

［参考答案］D。

　　8. 在 SQL 的查询语句中，允许出现聚集函数的是（　　　）。

　　A．FROM 子句　　　　　　　　　　B．WHERE 子句

　　C．HAVING 短语　　　　　　　　　D．SELECT 子句和 HAVING 短语

【解析】在使用聚集函数的查询语句中，通常需要分组进行统计。无论是否进行分组，其聚集函数必须放在 SELECT 子句中。如果进行了分组 group by，则除了在 SELECT 子句可以使用聚集函数之外，在分组后还可以进一步使用 HAVING 短语进行筛选，所以聚集函数也可以在 HAVING 短语中使用。

［参考答案］D。

　　9. 在 SQL 中，创建一个 SQL 模式，就定义了一个（　　　）。

　　A．基本表的集合　　　　　　　　　B．命名的存储空间

　　C．视图的存储空间　　　　　　　　D．索引表的存储空间

【解析】创建模式实际上是定义了一个命名空间，这样在此空间中可以进一步定义该模式所包含的数据库对象，如基本表、视图、索引等。

［参考答案］B。

　　10. 在定义索引时，若使每一个索引值只对应唯一的数据记录，则使用（　　　）保留字。

　　A．CLUSTER　　　　　　　　　　　B．RESTRICT

　　C．UNIQUE　　　　　　　　　　　　D．CASCADE

【解析】保留字 CLUSTER 表示要创建的索引是聚簇索引；RESTRICT 表示限制更新的保留

字；CASCADE 表示级联更新的保留字；UNIQUE 表示使创建索引的每一个索引值只对应唯一的数据记录。

[参考答案] C。

3.2.2　填空题

1．SQL 结构中，_____有对应的物理存储，而_____没有对应的物理存储。

【解析】基本表是对应数据库概念模型中的实体或联系，是现实世界事物的信息表达，因此需要物理存储。而视图是从一个或几个基本表（或视图）中导出的，本身并不存储数据，数据仍存储在原来的基本表中，因此视图是一个虚表，数据库只存放视图的定义。

[参考答案] 基本表，视图。

2．为了避免对表进行全表扫描，RDBMS 一般都对_____自动建立一个_____。

【解析】关系数据库管理系统中为了提高性能，减少在查询时对基本表进行全表扫描，尽量使用该表的索引。通常默认情况下，系统自动为其主关键字建立一个索引。

[参考答案] 主关键字，索引。

3．基于关系运算的 SQL，其关系运算基础是介于_____和_____之间的运算。

【解析】SQL 是一种基于关系运算的语言，其关系运算基础是介于关系代数和关系演算之间的运算。

[参考答案] 关系代数，关系演算。

4．定义基本表时，若要求某一列的值不能为空值，则在定义时应使用_____保留字，但如果该列已被定义为_____，则可以省略。

【解析】定义基本表时，若要求某一列的值不能为空值，则在定义时应使用 not null 保留字；但如果该列已被定义为主关键字，则可以省略。

[参考答案] not null，主关键字。

5．使用 DELETE 语句删除的最小数据单位是_____。

【解析】使用 DELETE 语句删除数据库中的最小数据单位是一个完整的元组。

[参考答案] 一个完整的元组。

6．SQL 的集合处理方式与宿主语言的单记录处理方式之间用_____协调。

【解析】执行 SQL 语句时，总是从数据库中提取满足条件的多个记录，而宿主语言的语句只能一次处理单个记录。当 SQL 语句嵌入使用时，为了协调 SQL 的集合处理方式与宿主语言的单记录处理方式应采用游标机制。

[参考答案] 游标机制。

7．在 SELECT 查询语句的 SELECT 子句中允许出现列名或_____。

【解析】在 SELECT 查询的 SELECT 子句中允许出现列名，也可以出现由列名或聚集函数等组成的表达式。

[参考答案] 由列名或聚集函数等组成的表达式。

8．在 CREATE TABLE 语句中实现数据完整性约束的三个子句分别是_____、_____和_____。

【解析】在利用 CREATE TABLE 语句定义基本表时，可以定义三类数据完整性约束：实体完整性约束、参照完整性约束和用户定义完整性约束，其对应定义的 SQL 语句为：PRIMARY KEY、FOREIGN KEY 和 CHECK。

[参考答案] PRIMARY KEY，FOREIGN KEY 和 CHECK。

9. 在 SELECT 语句中，_____ 子句可以带有 HAVING 短语，此时表示进一步对后面的数据进行筛选。

【解析】在 SELECT 语句中，GROUP BY 子句可以带有 HAVING 短语，此时表示进一步对分组后的数据进行筛选。

[参考答案] GROUP BY 分组。

10. 假定学生关系为 S(学号，姓名，性别，年龄)，课程关系为 C(课号，课名，教师号)，选课关系为 SC(学号，课号，成绩)。

（1）若要查询选修了课程名为"计算机"的所有女同学的姓名，将涉及的关系是_____。

【解析】本查询已知的是课名为"计算机"和性别为"女"，其课名和性别属性分别在关系 C 和 S 中，而查询的结果为姓名属性值，姓名属性在 S 关系中。即属性课名与姓名不在同一关系中，这样就要找属性课名与姓名之间连接的属性及所涉及的关系：C 中课名→C 中课号→在 SC 中找与 C 中等值的课号所对应的学号→在 S 中找与 SC 等值的学号所对应的姓名。可见查询涉及的关系是 C、SC 和 S。

[参考答案] C，SC，S。

（2）查询所有比"张三"年龄大的学生的姓名、性别和年龄，其正确的 SELECT 语句是_____。

【解析】①确定所涉及的关系：根据给出的已知条件为"张三"的姓名属性值，而结果属性为其它同学的姓名、性别和年龄，可确定在单关系 S 中查找；②确定查找思路：先根据姓名"张三"查找"张三"的年龄，然后将其它同学的年龄值与"张三"的年龄值逐一比较得到结果。

[参考答案]

```
select 姓名,性别,年龄
from S
where 年龄>(select 年龄
            from S
            where 姓名='张三');
```

（3）查询选修了"数学"或"计算机"课程的学生的学号和成绩。其正确的 SELECT 语句是

_____。

【解析】根据已知值的属性和要查找值的属性，可确定所涉及的关系为 C 和 SC。

[参考答案] 为下面三种功能等价的 SELECT 语句之一。

```
select 学号,成绩
from   SC
where 课号 in(select 课号
            from   C
            where 课名='数学'or 课名='计算机');
```

或：

```
select 学号,成绩
from   SC
where 课号 exists(select 课号
            from   C
            where 课名='数学'or 课名='计算机)
```

或：

```
select SC.学号,成绩
from   C,SC
where C.课号=SC.课号  and (课名='数学'or  课名='计算机');
```

3.2.3　问答题

1．SQL 由哪些功能组成？SQL 具有哪些特点？

【解析】SQL 主要由实现数据定义、数据查询、数据操纵和数据控制的四类语句组成。

（1）数据定义：用来定义关系数据库的模式、外模式和内模式，以实现对基本表、视图以及索引文件的定义、修改和删除等操作。

（2）数据查询：根据用户的需要以一种可读的方式从数据库中提取所需数据，它是 SQL 最基本、最重要的核心部分，SQL 提供了 SELECT 语句进行数据查询，对于已经定义的基本表和视图，用户可以通过查询操作得到所需要的信息。

（3）数据操纵：包括数据查询和数据更新两种数据操作语句。其中，数据查询语句是对数据库中的数据进行查询、统计、分组、排序、检索等操作；数据更新语句是进行数据的插入、删除和修改等操作。

（4）数据控制：SQL 通过对数据库用户的授权和回收命令来实现数据的存取控制，以保证数据库的安全性。此外，SQL 还提供了数据完整性约束条件的定义和检查机制来保障数据库的完整性。

SQL 的特点主要体现在：综合统一、高度非过程化、面向集合的操作方式、统一的语法结构、多种使用方式、语言简洁、易学易用等方面。

2．什么是基本表？什么是视图？两者的区别和联系是什么？

【解析】基本表是本身独立存在的表，在 SQL 中一个关系就对应一个表。视图是从一个或几个基本表导出的表。视图本身不独立存储在数据库中，是一个虚表。数据库中只存放视图的定义而不存放视图对应的数据，这些数据仍存放在导出视图的基本表中。视图在概念上与基本表等同，用户可以如同基本表那样使用视图，可以在视图上再定义视图。

3．建立视图有什么优点？

【解析】① 视图对于数据库的重构提供了一定程度的逻辑数据独立性。

② 视图机制简化了用户观点。

③ 视图机制使不同的用户能以不同的方式看待同一数据集合。

④ 视图机制能够提供数据的安全保护功能。

4．数据库语言与宿主语言有什么区别？

【解析】数据库语言是非过程化语言，是面向集合的语言，主要用于访问数据库；宿主语言是过程化语言，主要用于处理数据。

5．基本表与视图的区别与联系是什么？

【解析】基本表是数据库中实际存储的表，在 SOL 中一个关系就对应于一个二维表。视图是一个从基本表导出的虚表，它的数据并不存在数据库中，而是在数据目录中保留其逻辑定义。

视图的查询可像基本表一样参与数据库操作，而视图的更新最终落实到有关基本表的更新上。

6．所有视图是否都可以更新？为什么？

【解析】不是所有的视图都可以更新，视图更新必须遵循以下规则：

① 若视图的字段是来自字段表达式或常数，则不允许对此视图执行 INSERT、UPDATE 操作，允许执行 DELETE 操作。

② 若视图的字段是来自库函数，则此视图不允许更新。

③ 若视图的定义中有 GROUP BY 子句或聚集函数时，则此视图不允许更新。

④ 若视图的定义中有 DISTINCT 任选项，则此视图不允许更新。

⑤ 若视图的定义中有嵌套查询，并且嵌套查询的 FROM 子句中涉及的表也是导出该视图的基本表，则此视图不允许更新。

⑥ 若视图是由两个以上的基本表导出的，则此视图不允许更新。

⑦ 一个不允许更新的视图上定义的视图也不允许更新。

⑧ 由一个基本表定义的视图，只有含有基本表的主键或候选键，并且视图中没有用表达式或函数定义的属性才允许更新。

7．建索引的目的是什么？是否建得越多越好？

【解析】建索引的目的是为了加快查询速度，但建索引的个数不是越多越好。如果数据增、删、改频繁，系统维护这些索引就会花费很多时间，解决的办法是删除不必要的索引。

8．空值 NULL 在运算中起什么作用？

【解析】SQL 中允许列值为空，空值用 NULL 表示。SQL 规定，涉及+、-、*、/的算术表达式中有一个值是空时，表达式的值为空值，关系及逻辑表达式中存在空值，表达式的结果为 FALSE。

9．嵌入式 SQL 中是如何区分 SQL 语句和宿主语言语句的？

【解析】在程序中要区分 SQL 和宿主语言语句，所有 SQL 语句前必须加上前缀 "EXEC SQL" 并以 "；" 作结束标志（不同的宿主语言中是不同的）。

10．嵌入式 SQL 中是如何解决宿主语言和 DBMS 之间数据通信的？

【解析】在宿主变量中，有一个系统定义的特殊变量，叫 SQLCA（SQL 通信区），它是共享变量，供应用程序与 DBMS 之间通信用。

3.2.4　应用题

1．设有两个基本表 R(A，B，C)和 S(D，E，F)，试用 SQL 查询语句表达下列关系代数表达式：

（1）$\delta_{A='11'}(R)$；

（2）$R \times S$；

（3）$\prod_{B,E}(\delta_{C='43'}(R \times S))$；

（4）$\prod_{A,D}(\delta_{C=E \wedge B=F}(R \times S))$。

【解析】运用第 2 章介绍的关系运算的相关规则，表示上述关系表达式。

（1）$\delta_{A='11'}(R)$；

　　SELECT * FROM R WHERE A='11';

（2）$R \times S$；

　　SELECT * FROM R,S;

（3）$\prod_{B,E}(\delta_{C='43'}(R \times S))$；

　　SELECT B,E FROM R,S WHERE C='43';

（4）$\prod_{A,D}(\delta_{C=E \wedge B=F}(R \times S))$；

　　SELECT A,D FROM R,S WHERE C=E AND B=F;

2．设有两个基本表 R(A，B，C)和 S(A，B，C)，试用 SQL 查询语句表达下列关系代数表达式：

（1）$R \cup S$；

（2）$R \cap S$；

（3）$\prod_A(R)$；

（4）R-S；

（5）$\prod_{A,B}(R)\infty\prod_{B,C}(S)$；

（6）$\delta_{B='17'}(R)$。

【解析】运用第 2 章介绍的关系运算的相关规则，表示上述关系表达式。

（1）$R\cup S$；

　　　(SELECT * FROM R)

　　　UNION

　　　(SELECT * FROM S)；

（2）$R\cap S$；

　　　(SELECT * FROM R)

　　　INTERSECT

　　　(SELECT * FROM S)；

（3）$\prod_A(R)$；

　　　(SELECT A FROM R)

（4）R-S；

　　　(SELECT * FROM R)

　　　EXCEPT

　　　(SELECT * FROM S)；

（5）$\prod_{A,B}(R)\infty\prod_{B,C}(S)$；

　　　SELECT R.A,R.B,R.C FROM R,S WHERE R.B=S.B；

（6）$\delta_{B='17'}(R)$。

　　　SELECT * FROM R WHERE B='17'；

3．有一个教学管理数据库，包含以下基本表：

学生(学号，姓名，性别，年龄，系编号)；

教师(教师编号，姓名，年龄，职称，系编号)；

院系(系编号，系名)；

任课(课程号，课程名，教师编号)。

要求用 SQL 语句完成下列功能：

（1）建立学生表，主码为学号，性别为"男"或"女"。

（2）将学生张三从系编号为 001 的系转到编号为 002 的系。

（3）将计算机系教师张明的职称升为教授。

（4）统计计算机系教师张明的任课门数。

（5）建立一个存储过程，输入系编号显示学生的学号、姓名。

（6）建立一个存储过程，通过输入教师编号，显示教师的姓名、任课课程名、教师院系。

【解析】用 SQL 语句完成以上各项功能：

（1）建立学生表，主码为学号，性别为"男"或"女"。

Create table 学生

(学号　　char(8)　　not null,

　姓名　　char(8)　　not null,

　性别　　char(2),

　年龄　　smallint,

　年级　　char(8),

```
    系编号    char(3),
    primary key(学号),
    check(性别 IN('男','女'))
};
```

（2）将学生张三从系编号为 001 的系转到编号为 002 的系。

```
Update    学生
Set    系编号='002'
Where    姓名='张三' and 系编号='001';
```

（3）将计算机系教师张明的职称升为教授。

```
Update    教师
Set    职称='教授'
Where    姓名='张明' and 系编号=(select 系编号 from 院系 where 系名='计算机系');
```

（4）统计计算机系教师张明的任课门数。

```
select    count(课程号)
from    院系,教师,任课
where    院系.系名='计算机系' and 院系.系编号=教师.系编号
and    教师.教师编号=任课.教师编号 and    教师.姓名='张明';
```

（5）建立一个存储过程，输入系编号显示学生的学号、姓名。

```
create procedure report @id char(8)
as
    select 学号,姓名
    from    学生
    where 系编号=@ id;
```

（6）建立一个存储过程，通过输入教师编号，显示教师的姓名、任课课程名、教师院系。

```
create procedure report @ id char(8)
as
    select 教师.姓名,任课.课程名,院系.系名
    from    院系,教师,任课
    where 教师.教师编号=@ id
        and 任课.教师编号=教师.教师编号
        and 教师.系编号=院系.系编号
```

4．设有学生选课关系 SC(学号，课程号，成绩)，试用 SQL 语句检索每门课程的最高分。

【解析】用 SQL 语句检索每门课程的最高分的程序如下：

```
select max(成绩) as 最高分
from    SC
group by 课程号;
```

5．设有关系模式如下：

学生关系 S(学号，姓名，性别)，课程关系 C(课程号，课程名)，成绩关系 SC(学号，课程号，分数)，试用 SQL 语句完成如下功能的检索：

（1）用 SQL 语句检索选修课程号为 C1，且分数最高的学生的学号和分数。

（2）用 SQL 语句检索选修课程名为 DB 的学生姓名和分数。

【解析】根据题意，分别编程如下：

（1）用 SQL 语句检索选修课程号为 C1，且分数最高的学生的学号和分数。

```
select 学号,分数
from    SC
```

where 分数>=ALL(select 分数 from SC where 课程号='C1')and 课程号='C1';

或：

select 学号,分数

from SC

where 分数>=(select max(分数)from SC where 课程号='C1')and 课程号='C1';

（2）用 SQL 语句检索选修课程名为 DB 的学生姓名和分数。

select 姓名,分数

from S,SC

where S.学号=SC.学号 and SC.课程号='DB';

§3.3 技能实训

本章实训介绍 3 项实训内容：查询操作、索引操作和视图操作。这 3 项实训是建立在第 1 章和第 2 章的实训基础之上的。

3.3.1 查询操作

【实训背景】

建立数据库的主要目的就是为了便于查询数据，因此查询是数据库的核心操作，也是使用频率最高的操作。查询是根据用户的要求，从数据库中检索所需要的数据的过程。SQL 中的语句根据查询要求的不同，具有多种不同的表示形式，所以查询语句也是 SQL 中最复杂的语句。在 SQL 中使用 SELECT 语句进行数据查询，该语句使用灵活、功能丰富，能够实现十分复杂的查询要求。

【实训目的】

（1）掌握 SELECT 语句的基本语法。

（2）掌握嵌套查询、连接查询的表示。

（3）掌握数据汇总的方法。

（4）掌握 SELECT 语句的 GROUP BY 子句的作用和使用方法。

（5）掌握 SELECT 语句的 ORDER BY 子句的作用和使用方法。

【实训内容】

（1）SELECT 语句的基本使用。

（2）嵌套查询、连接查询的使用。

（3）数据汇总。

（4）GROUP BY 子句和 ORDER BY、COMPUTE BY 子句的使用。

【实训步骤】

1. 进入查询窗口

在 Microsoft SQL Server 2008 中实现查询操作，其基本操作步骤如下：

（1）启动 SQL Server Management Studio：执行"开始"→"所有程序"→Microsoft SQL Server 2008→SQL Server Management Studio 命令，显示"连接服务器"对话框，单击"连接"按钮，按默认方式连接服务器。

（2）启动查询生成器：选择"文件"→"新建"→"使用当前连接查询"选项，打开查询生成器；或者单击左上角"新建查询(N)"按钮，打开查询生成器。

（3）在查询窗口中输入 SQL 语句。

2. 实现具体查询操作

在"对象资源管理器"窗口中，针对 2.3.2 节"管理数据表"实训中已建立的学生信息表（StudentInfor）、课程信息表（CourseInfor）和学生修课信息表（StudCourse）完成下列查询。

（1）SELECT 基本使用：利用 SELECT 命令语句实现以下简单查询操作：

① 查询每个同学的所有数据。

② 查询每个同学的学号、姓名和出生日期。

③ 查询某学号同学的姓名、性别、籍贯和 IP 地址。

④ 查询所有女同学的学号、姓名和出生日期，并将结果中各列的标题指定为学号、姓名和出生日期。

⑤ 查询计算每个同学的年龄。

⑥ 查询所有籍贯含有"阳"字的同学的姓名、性别、籍贯。

⑦ 查询课程编号 C1101，且成绩在 70～80 分之间的同学的学号。

（2）嵌套查询：

① 查询选修 C1101 课程的同学的学号、姓名和性别信息。

② 查询没有选修 C1101 课程的同学的学号、姓名和性别信息。

③ 查询各门已学课程成绩都在 80 分以上的同学的学号、姓名、性别和专业信息。

（3）连接查询：

① 查询每个同学的学号、姓名、课程名和成绩信息。

② 查询 C1101 课程成绩大于 80 分的同学姓名及其选课情况（包括课程名称、课程学时和成绩）。

（4）数据汇总：

① 查询参加 C1101 课程考试的全体同学的平均分。

② 查询参加 C1101 课程考试的全体同学的最高分和最低分。

③ 查询某学号同学的各门课程总分。

（5）GROUP BY：

① 查询选修各门课程的总人数。

② 查询每位同学的平均分。

（6）ORDER BY：

① 将各位同学的平均成绩由高到低排列输出。

② 查询每个同学的学号、姓名、课程名和成绩信息，并按成绩由低到高排列输出。

3.3.2　索引操作

【实训背景】

建立索引是加快表的查询速度的有效手段。索引形如书的目录。当需要在一本书中查找某些信息时，往往通过目录首先找到所需信息对应的页码，然后再从该页中找出所要的信息，显然，这比直接翻阅书的内容要快得多。如果把数据库中的表比作一本书，那么表的索引就是这本书的目录，通过索引可以大大加快表的查询速度。

SQL 支持在基本表上建立一个或多个索引，以提供多种存取路径，加快查找速度。一般来说，建立与删除索引由 DBA 或表的属主（即建立表的人）完成。系统在存取数据时会自动选择合适的索引作为存取路径，用户不必也不能选择索引。

【实训目的】

（1）理解索引的概念、定义、分类和优点。

（2）掌握利用 SQL Server Management Studio 创建和管理索引的方法。

（3）掌握利用 T-SQL 语句创建和管理索引的方法。

【实训内容】

（1）在对象资源管理器创建、修改和删除索引。

（2）在对象资源管理器使用索引。

（3）利用 T-SQL 语句创建、修改和删除索引。

（4）利用 T-SQL 语句使用索引。

【实训步骤】

1.　利用 SQL Server Management Studio 创建和管理索引

（1）启动 SQL Server Management Studio：执行"开始"→"所有程序"→Microsoft SQL Server 2008→SQL Server Management Studio 命令，显示"连接服务器"对话框，单击"连接"按钮，按默认方式连接服务器。在"对象资源管理器"窗口中，利用图形化的方法创建下列索引：

① 对学生信息表（StudentInfor）的 name 列创建非聚集索引 idx_name。

② 对修课信息表（StudCourse）的 Sno、Cno 列创建复合索引 idx_stu_course。

（2）启动 SQL Server Management Studio，在"对象资源管理器"窗口中，利用图形化的方法对索引 idx_name 进行修改，使其成为唯一索引。

（3）启动 SQL Server Management Studio，在"对象资源管理器"窗口中，利用图形化的方法删除索引 idx_stu_course。

2.　利用 T-SQL 语句创建和管理索引

（1）启动 SQL Server Management Studio，在 SQL 编辑器中，利用 T-SQL 语句 CREATE INDEX 命令创建下列索引：

① 对课程信息表（CourseInfor）的 Cname 列创建非聚集索引 idx_Cname。

② 对修课信息表（StudCourse）的 Sno、Cno 列创建复合索引 idx_stu_course。

（2）启动 SQL Server Management Studio，在 SQL 编辑器中，利用 T-SQL 语句对索引 idx_Cname 进行修改，使其成为唯一索引。

（3）启动 SQL Server Management Studio，在 SQL 编辑器中，利用系统存储过程 sp_helpindex 查看索引 idx_Cname 信息。

（4）启动 SQL Server Management Studio，在 SQL 编辑器中，利用 T-SQL 语句 DROP INDEX 命令删除索引 idx_Cname。

3.3.3　视图操作

【实训背景】

视图是从一个或几个基本表（或视图）中导出的表，视图是关系数据库系统提供给用户以多种角度观察数据库中数据的重要机制。视图一经定义，就可以和基本表一样，在其上进行查询操作，也可以在一个视图上再定义新的视图，但对视图的更新（增、删、改）操作会有一定的限制。

视图与基本表不同，它是一个虚表，即数据库中只存放视图的定义，而不存放视图对应的数据，这些数据仍存放在原来的基本表中。基本表中的数据发生变化，从视图中查询出的数据也就随之改变了。从这个意义上讲，视图就像一个窗口，透过它可以看到数据库中自己感兴趣的数据及其变化。

【实训目的】

（1）理解视图的概念、作用和重要性。

（2）掌握在对象资源管理器中创建和管理视图。

（3）掌握利用 T-SQL 语句创建和管理视图。

【实训内容】

（1）在对象资源管理器中创建、修改和删除视图。

（2）在对象资源管理器中使用视图。

（3）利用 T-SQL 语句创建、修改和删除视图。

（4）利用 T-SQL 语句使用视图。

【实训步骤】

1. 利用 SQL Server Management Studio 创建和管理视图

（1）启动 SQLServerManagementStudio：执行"开始"→"所有程序"→Microsoft SQL Server 2008→SQL Server Management Studio 命令，显示"连接服务器"对话框，单击"连接"按钮，按默认方式连接服务器。在"对象资源管理器"窗口中，利用图形化的方法创建下列视图：

① 视图 view_male，包含学生信息表中所有男生信息。

② 视图 view_stu_grade，包含每个同学的学号、姓名、课程名和成绩信息。

③ 视图 view_avg，包含每个同学的学号、姓名、平均成绩信息。

（2）启动 SQL Server Management Studio：在"对象资源管理器"窗口中，利用图形化的方法对视图 view_male 进行修改，只显示计算机系所有男生的信息。

（3）启动 SQL Server Management Studio：在"对象资源管理器"窗口中，利用图形化的方法删除视图 view_male。

（4）启动 SQL Server Management Studio：在"对象资源管理器"窗口中，利用图形化的方法查询视图 view_male 中的记录信息。

2. 利用 T-SQL 语句创建和管理视图

（1）启动 SQL Server Management Studio：在"对象资源管理器"窗口中，利用 T-SQL 语句 CREATE VIEW 命令创建下列视图：

① 视图 view_female，包含学生信息表中所有女生信息。

② 视图 view_count，包含每个系的名称和学生人数信息。

③ 视图 view_sum，包含每个同学的学号、姓名、课程总成绩信息。

（2）启动 SQL Server Management Studio：在"对象资源管理器"窗口中，利用 T-SQL 语句 ALTER VIEW 命令修改视图 view_female，增加加密性。

（3）启动 SQL Server Management Studio：在"对象资源管理器"窗口中，利用 T-SQL 语句 DROP VIEW 命令删除视图 view_female。

（4）启动 SQL Server Management Studio：在"对象资源管理器"窗口中，利用 T-SQL 语句查询下列信息：

① 查询"计算机系"的学生人数。

② 查询学号 20121103 同学所选课程和课程成绩信息。

§3.4　知识拓展——面向对象数据库系统

随着计算机应用领域迅速扩展，面向过程的传统式程序设计已很难适应复杂的应用问题。面向对象程序设计在计算机的各个领域产生了深远的影响，也给数据库技术的发展带来了机遇和希望。把面向对象程序设计方法和数据库技术相结合，能有效地支持新一代数据库系统的应用。于是，面向对象数据库系统应运而生。面向对象数据库系统研究领域吸引了相当多的数据库工作者，获得了大量的研究成果，并开发了很多面向对象的数据库管理系统。

3.4.1　面向对象数据库系统的基本概念

面向对象数据库系统中采用了新的数据模型——面向对象数据模型（Object Oriented Data Model，OODM），它是以面向对象方法（Object Oriented，OOM）为指导并对数据库模型做语义解释后构成的。以 OODM 为核心所构成的数据库称为面向对象数据库（Object Oriented Data Base，OODB），以 OODB 为核心所构成的数据库管理系统称为面向对象数据库管理系统（Object Oriented Data Base Management System，OODBMS）。进一步以 OODBMS 为核心所构成的数据库系统称为面向对象数据库系统（Object Oriented Data Base System，OODBS），它是数据库技术和面向对象程序设计思想相结合的产物。

面向对象数据库系统突破了传统数据库系统的事务性应用而在非事务性应用中取得了重大的进展，并具有明显特征。面向对象数据模型和面向对象数据库系统的研究沿着 3 个方面展开。

一是以关系数据库和 SQL 为基础的扩展关系模型。目前，Informix、DB2、Oracle、Sybase 等数据库厂商都在不同程度上扩展了关系模型，推出了数据库产品。

二是以面向对象程序设计语言为基础，研究持久的程序设计语言，支持面向对象模型。例如，美国 Ontologic 公司的 Ontos 是以面向对象程序设计语言 C++为基础的，Servialogic 公司的 GemStone 则是以 Smalltalk 为基础的。

三是建立新的面向对象数据库系统，支持面向对象数据模型。例如，法国 02 Technology 公司的 02、美国 Itasca System 的 Itasca 等。

3.4.2　面向对象数据库系统的基本特征

面向对象技术出现于 20 世纪 70 年代初期，经过 40 多年的发展，已在计算机领域取得了广泛的应用。面向对象的数据库系统之所以问世，主要是因为面向对象的数据库系统克服了关系数据库系统的一些不足，它能够更好地支持关系模型不能支持或支持得不够好的复杂应用，增强了程序的可设计性和性能。面向对象的数据库中包含较多的代码（如对象的方法）。对于数据库系统本身，包括完整性维护、查询优化和并发控制的能力来说，这种有关应用知识的增加具有潜在的优点，因而使得面向对象的数据库系统具有关系数据库系统所没有的功能和特征。

1.　支持复杂应用

面向对象模型主要用于支持复杂应用。应用中的数据复杂性越高、数据间的相互关系越复杂，则性能提高越大。相关对象的寻找可通过类层次或其它相关关系来完成。将特定对象放入高速缓冲区或内存的技术可通过预测用户或应用程序可能存取的类及其实例而得到优化。当数据复杂性较高时，聚集和缓冲技术对性能的提高更显著，而这是关系数据库永远也达不到的。

2．存储大型数据结构

面向对象数据库不仅能存储复杂的应用程序组成，而且还能存储较大的数据结构。尽管关系数据库支持大量的元组，但单个元组的大小却受限制。虽然有些关系数据库在这方面有所放松，但却带来了数据库重组与管理的低效等问题。面向对象数据库不会因有大量的对象而降低性能，因为不管对象的特性有多复杂，应用程序都没有必要把对象分离或装配。

3．直接引用对象

对象模型支持对象的直接引用，不仅可减少系统数据冗余，提供数据共享能力，有利于完整性维护，而且大大提高了搜索和导航访问能力。而在关系数据库中则相反，复杂的数据集必须由应用程序组装，如低效的连接运算。

4．优良的应用开发环境

从应用程序开发环境来比较，面向对象数据库也显示出了一定的优势。关系数据库应用开发离不开数据操作语言 DDL 和相应的宿主语言（如 C、Pascal），程序员必须掌握这两种语言，若二者缺一，则不能建立完整的应用程序。而对于面向对象的数据库，这些问题几乎不存在。

5．简化并发控制

面向对象数据库简化了并发控制。关系数据库中，并发控制理论已经成熟，但实现起来较复杂，应用程序必须显式地对数据进行封锁，封锁类型与封锁粒度都要考虑。而面向对象数据库的并发控制以对象为封锁单位，相关数据由对象本身的结构决定，一些控制可由对象的方法和触发器完成，并发控制简单高效。

6．完整性

面向对象的数据库可以更好地支持完整性。在纯面向对象中，由于数据和过程封装在一个对象中，因而对一个对象的修改将影响到数据库中其它对象完整性的可能性比较小。应用程序可以在一个操作中锁住所有相关数据。

7．直观性与人机交互性

在适合用户习惯方面，面向对象的数据库又显示出了优势。二维表结构虽易于实现，但在面向对象用户方面并非一种直观模型。图像、图形、声音、文字是自然界与人类社会中常见的信息形式，但不易由纯关系模型描述与表达，而面向对象的数据库则提供了较自然和完整的模型。

正是这些特征，加快了对面向对象数据库系统研究和发展的进程。

3.4.3　面向对象数据模型

面向对象数据模型（OODM）是 20 世纪 70 年代末提出来的，它吸收了概念数据模型和知识表示模型的一些基本概念，同时又借鉴了面向对象程序设计语言和抽象数据类型的一些思想，面向对象数据模型是用面向对象的方法构建起来的数据模型，是一种可扩充的数据模型。

1．面向对象数据模型的基本概念

OODM 是用面向对象观点来描述现实世界实体（对象）的逻辑组织、对象间限制、联系等的模型，一系列面向对象的核心概念构成了 OODM 的基础。

（1）对象（Object）与对象标识（Object Identifier，OID）：现实世界的任一实体都被统一地模型化为一个对象，每个对象有一个唯一的标识，称为对象标识。OID 与关系数据库中键（Key）的概念和某些关系系统中支持的记录标识（RID）、元组标识（TID）是有本质区别的。OID 是独立于值的、系统全局唯一的。

（2）封装（Encapsulation）：每一个对象是其状态与行为的封装，其中状态是该对象一系列属性（Attribute）值的集合，而行为是在对象状态上操作的集合，操作也称为方法（Method）。

（3）类（Class）：共享同样属性和方法集的所有对象构成了一个对象类（简称类），一个对象是某一类的一个实例（Instance）。例如，车是一个类，汽车、火车、自行车等是车类中的对象。在数据库系统中，要注意区分"型"和"值"的概念。在 OODB 中，类是"型"，对象是某一类的一个"值"。类属性的定义域既可以是基本数据类型，如整型、实型、字符型，也可以是包含属性和方法的类类型。

（4）类层次（Class hierarchical）：也称为"结构"，在一个面向对象数据库模式中，可以定义一个类（如 A）的子类（如 B），类 A 称为类 B 的基类或父类，类 B 称为子类或者派生类。子类（如 B）还可以再定义子类（如 C）。这样，面向对象数据库模式的一组类形成一个有限的层次结构，称为类层次。一个子类可以有多个基类，有的是直接的，有的是间接的。例如，B 是 C 的直接基类，A 是 C 的间接基类。一个类可以继承类层次中其直接或间接基类的属性和方法。

（5）消息（Message）：由于对象是封装的，对象与外部的通信一般只能通过消息传递，即消息从外部传送给对象，存取和调用对象中的属性和方法，在内部执行所要求的操作，操作的结果仍以消息的形式返回。

面向对象数据库系统在逻辑上和物理上将面向元组的处理上升为面向对象，面向具有复杂结构的逻辑整体。允许使用自然的方法，并结合数据抽象的机制在结构和行为上对复杂的对象建立模型，从而提高管理效率，降低用户使用的复杂性，并且为版本管理、动态模式修改等功能的实现创造了条件。

2. 类的继承与派生

在面向对象数据库中，相似对象的集合称为类。每个对象成为所在类的实例。类中的对象共享一个定义，相互之间的区别仅在于属性的取值不同。类的概念与关系模式类似，表 3-1 列出了对照关系。

表 3-1　类与关系模式的对照

类与关系模式的对照	类	类的属性	对象	类的一个实例
	关系模式	关系的属性	关系的元组	关系的一个元组

类本身也可以看作一个对象，称为类对象，面向对象数据库模式是类的集合，在一个面向对象数据库模式中，会存在多个相似但又有所不同的类。因此，面向对象数据模式提供了类层次结构，以实现这些要求。

（1）类的继承：继承（Inheritance）是面向对象程序设计的一个重要特征，几乎所有面向对象程序设计语言和开发工具都具有继承机制。继承是软件复用的一种形式，即利用继承机制，使用户可以在一个原有类的基础上建立一个新的类，而不必从零开始重新设计，以此实现代码的共享和重用，克服传统程序设计方法中编写的程序无法重复使用而造成的资源浪费的缺点。

继承这个概念源于生物或人类的分类，即具有后代继承前辈特性的性质。事实上，现实世界中许多事物都具有继承性，并且可用层次分类的方法来描述它们的关系。例如，对于汽车，可进行如图 3-1 所示的分类。

（2）类的派生：所谓派生（Derived），就是通过继承机制，利用已有的数据类型来定义新的数据类型，所定义的新的数据类型不仅拥有新定

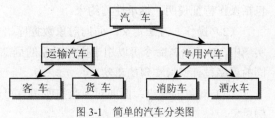

图 3-1　简单的汽车分类图

义的成员，而且还同时拥用旧的成员。我们把已存在的、用来派生新类的类称为父类（Parent class）或基类（Base class），由已存在的类派生出的新类称为子类（Child class）或派生类（Derived class）。

在这个分类树中不仅建立了一个层次结构，而且能描述继承性的概念：在具有继承性的派生类中，最高层是最普通、最一般的；每下一层都比它的前一层更具体；低层含有高层的特性，同时又与高层有细微的不同。例如，当确定某一辆汽车是客车以后，没有必要指出它是进行运输的。因为客车本身就是从运输汽车类派生出来的，它继承了"运输"这一特性。同样，也不必指出它会自动驱动，因为凡是汽车都会自行驱动。客车是从运输汽车类中派生而来，而运输汽车类又是从汽车类派生而来，因此客车也可以继承汽车类的一般特性。

一个派生类可以从一个基类派生，也可以从多个基类派生。从一个基类派生的继承称为单继承，它可以有多个派生类；从多个基类派生的继承称为多继承，它可以有多个基类。如果用父类和子类来描述单继承和多继承的拓扑结构，也许更易理解，如图 3-2 所示。

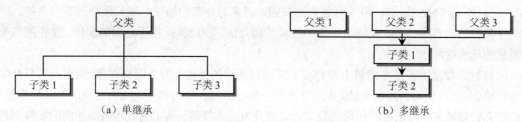

图 3-2　类的继承关系

由此看出：单继承形如一父养几子；多继承形如父辈数人养一子，继而下传。比较两种拓扑结构可知：单继承关系简单、明了；多继承关系相对要复杂些。

（3）对象的嵌套：在面向对象数据库模式中，对象的属性不仅可以是单值或多值的，还可以是一个对象，这就是对象的嵌套关系。如果对象 B 是对象 A 的某个属性，则称 A 是复合对象，B 是 A 的子对象。

对象的嵌套关系为用户提供了从不同的粒度观察数据库的方法。所谓粒度，就是数据库中数据细节的详细程度，细节越详细粒度越高。不同的使用者所关心的层次不同，这就形成了不同的观察粒度。

3.4.4　面向对象数据库系统的语言

面向对象数据库系统必须有面向对象语言的支持。面向对象语言是伴随面向对象数据模型的研究发展起来的，它完全基于面向对象技术。

1. 面向对象数据库语言的功能

面向对象数据库系统的语言类似关系数据库的数据定义语言、数据操纵语言及数据查询语言的功能，用于说明和操纵类定义及对象实例。面向对象数据库语言一般具有下列用途与能力。

（1）类的定义与操纵：面向对象数据库语言可以用于操纵类，即生成、存取、修改、销毁类，包括操作特征说明、继承性与约束。

（2）操作、方法定义：面向对象数据库语言可以用于说明对象操作的定义与实现。在操作的实现中，对象语言命令可以用于操作对象的局部数据结构，而封装性允许并且隐藏了操作可以由不同的程序设计语言实现的事实。

（3）对象的操纵：面向对象数据库语言可以用于操纵（如生成、存取、修改、销毁）类的实例对象。

2. 面向对象数据库语言的类型

面向对象程序设计的语言有多种,而实现面向对象数据库操作的语言却是基于以下 3 种类型。

（1）对现有的面向对象程序设计语言进行扩展:就是对例如 C++、Smalltalk 一类的对象语言进行扩展,使之支持面向对象数据库的操作。美国国家标准协会的面向对象数据库工作组（The Object Database Management Group,ODMG）提出了 ODMG-1993 标准,对面向对象数据模型和数据库语言做出规定。其中,对 C++做了两方面的扩展:C++对象定义语言和对象操纵语言。

（2）对现有的关系数据库语言进行扩充:就是对 SQL 一类的数据库语言进行扩充,使其支持面向对象模型和对象操作。例如在 SQL-3 标准中扩充了用户自定义类型,支持面向对象操作。

（3）开发基于面向对象数据模型的面向对象语言:就是根据面向对象模型的特征开发出全新的面向对象语言。例如,美国 CA 公司的面向对象数据库系统 Jasmine 的对象查询语言 ODQL。

3.4.5 面向对象数据库系统的发展

面向对象技术是近 20 年来计算机技术界和工业界研究的一大热点,面向对象方法与先进的数据库技术相结合已成为当今数据库领域研究和发展的主要方向之一。将面向对象方法和技术应用到数据库系统中,使数据库管理系统能够支持面向对象数据模型的数据库模式,对提高数据库系统模拟和操纵客观世界的能力,扩大数据库的应用领域具有十分重要的现实意义;将面向对象技术应用到数据库的集成开发环境中,使数据库应用开发工具能够支持面向对象的开发方法并提高相应的开发手段,对提高应用软件的开发质量和软件的生产能力是十分重要的。从根本上讲,面向对象数据库技术对复杂对象既要有极强的表达和建模能力,又要有很强的存储和管理能力,这正是传统数据库技术面向复杂工程数据所难以胜任的关键技术。

面向对象数据库技术的发展并不是取代关系数据库系统,而是可望成为继关系数据库技术之后的新一代数据库管理技术。由于面向对象方法和技术正处于发展过程中,因而基于面向对象方法和技术的数据库技术目前还处在研究和探索中,没有形成标准化、规范化和形式化。尽管目前已有可运行的面向对象数据库系统,但与计算机应用领域对面向对象数据库系统的要求以及信息社会发展对面向对象数据库系统的需求还有很大差距,仍有许多的研究课题需要人们继续探索和开发。

第 4 章　Microsoft SQL Server 2008 基础

【问题描述】Microsoft SQL Server 2008 是一个典型的、面向高端用户的大型关系型数据库管理系统，是数据库技术及应用的核心内容，是实现数据库技术应用的立足点。

【辅导内容】给出本章的学习目标、学习方法、学习重点、学习要求、关联知识，以及相关概念的区分。然后，给出本章的习题解析、技能实训，以及知识拓展（多媒体数据库系统）。

【能力要求】通过学习引导，掌握本章的知识要点；通过习题解析，加深对 SQL Server 2008 及其 Transact-SQL 的全面了解；通过技能实训，熟练掌握 Transact-SQL 的编程方法以及游标和存储过程；通过知识拓展，了解多媒体数据库技术。

§4.1　学习引导

主教材第 4 章介绍了典型数据库管理系统 SQL Server 2008 的功能特点、SQL Server 2008 的管理工具、Transact-SQL 程序设计基础以及 SQL Server 2008 中的游标和存储过程，必须熟练掌握。

4.1.1　学习导航

1. 学习目标

数据库管理系统是数据库技术的核心，本章的学习目标：一是全面熟悉、了解 SQL Server 2008 的功能特点及其管理工具；二是掌握游标和存储过程的基本应用。

2. 学习方法

各种语言都有一套完整的语法规则，学习和掌握一门语言的关键是在实践中提高。因此，要求读者结合课堂讲授的语法规则，通过大量的上机编程实践，方能加深对语法规则的理解，达到熟练、灵活应用的目的。

3. 学习重点

对 SQL Server 2008 的学习，其重点一是掌握 SQL Server 2008 中管理工具的使用；二是掌握 Transact-SQL 编程的语法规则；三是掌握游标、存储过程和触发器的基本应用。本章的学习重点和难点是游标、存储过程和触发器在编程中的具体应用。由于触发器主要用于数据保护，所以放在第 5 章中介绍。

4. 学习要求

了解 SQL Server 2008 的性能特点；熟悉 SQL Server 2008 的基本功能和管理工具的使用；掌握 Transact-SQL 程序设计基础知识以及 Transact-SQL 对游标、存储过程、触发器等的支持。

5. 关联知识

本章介绍了 SQL Server 2008 的基本知识和 Transact-SQL 编程知识。SQL Server 2008 是目前广泛使用的大型数据库管理系统，其功能非常强大，在数据库的安全性、数据库的完整性、数据库的事务处理、事务的并发控制、数据备份与恢复等方面都有完整的控制机制，具体实现将在第 5 章中详细介绍。数据库管理系统是开发应用系统的核心，因而本章也是第 8 章和第 9 章的基础。

4.1.2　相关概念的区分

SQL Server 2008 是高校教学和开发应用系统的典型数据库管理系统，在本章学习过程中，应注意以下概念的区分。

1. SQL Sercer 与 Access 的区别

计算机科学技术的飞速发展，加速了数据库技术的发展，数据库技术的应用需求，又促进了数据库管理系统（DBMS）的研究进程。目前，广泛使用的 DBMS 都是基于关系数据模型的关系数据库管理系统。如果按功能大小分类，可分为：大型数据库管理系统、大中型数据库管理系统、中小型数据库管理系统。Oracle、Sybase、Informix、IBM DB2 属大型 DBMS；SQL Server 是大中型数据库管理系统的典型代表；Visual FoxPro、Delphi、Access 属中小型数据库管理系统。

SQL Server 具有真正的客户机/服务器体系结构，它的图形化用户界面，使系统管理和数据库管理更加直观、简单；它具有丰富的编程接口工具，为用户进行程序设计提供了更大的选择余地。基于 SQL Server 开发的数据库应用系统能够存储大量的数据，能保证系统和数据的安全性以及维护数据的完整性，具有自动高效的加锁机制以支持多用户的并发操作，能够进行分布式处理等。

Access 是 Office 中的组件之一，与其它 DBMS 一样，既可以管理简单的文本、数字字符等数据信息，又可以管理复杂的图片、动画、音频等各种类型的多媒体数据信息，其功能非常强大，而操作却十分简单，得到了越来越多用户和开发人员的青睐，现已成为世界上流行的桌面数据库管理系统。Access 主要作为支持一般事务处理需要的数据库环境，强调使用的方便性和操作的简便性。Access 的主要特点是对硬件要求较低、应用面广、普及性好、易于掌握，用户能够更加轻松地跟踪和报告数据，并与其他人共享数据。

2. Transact-SQL 与 SQL 的区别

SQL 是标准数据查询语言，SQL 中的数据操纵语言（DML）只能用于修改或返回数据，而没有提供用于开发过程和算法的编程结构，也没有包含用于控制和调整服务器的数据库专用命令。

Transact-SQL 是微软公司在关系型数据库管理系统 Microsoft SQL Server 中使用的语言，简称 T-SQL。T-SQL 是 SQL Server 中的 SQL-3 标准的实现，也是微软公司对 SQL 的扩充。

T-SQL 的目的在于为事务型数据库开发提供一套过程化的开发工具。T-SQL 对 SQL 的扩充主要包括 3 个方面：一是增加了流程控制语句；二是加入了局部变量、全局变量等许多新概念，可以写出更复杂的查询语句；三是增加了新的数据类型，处理能力更强。

§4.2　习题解析

4.2.1　选择题

1. 数据库管理系统软件的设计一般分为模式、内模式和外模式。对应于内模式，SQL Server 称为数据库的（　　　）。

　　A．基本结构　　　　　　　　B．物理结构

　　C．逻辑结构　　　　　　　　D．存储结构

【解析】一个数据库管理系统一旦建立，其内模式便是唯一的。对应于内模式，SQL Server 称为数据库的物理结构，它是数据在物理磁盘上的存储结构。

[参考答案] B。

2．SQL Server 2008 的体系结构是指其组成部分及其（　　）关系的描述。

  A．基本结构   B．物理结构   C．逻辑结构   D．组成部分之间

【解析】SQL Server 2008 系统由数据库引擎、分析服务、集成服务和报表服务 4 部分组成，SQL Server 2008 的体系结构是指其组成部分之间关系的描述。

[参考答案] D。

3．SQL Server 2008 系统提供了（　　）两种类型的数据库。

  A．系统数据库和用户数据库   B．系统数据库和文件数据库

  C．tempdb 数据库和 model 数据库 D．resource 数据库和 msdb 数据库

【解析】SQL Server 2008 系统提供了两种类型的数据库，即系统数据库和用户数据库。系统数据库存放 SQL Server 2008 系统的系统级信息；用户数据库也称为示例数据库，是由用户创建的，用来存放用户数据。

[参考答案] A。

4．在进行程序设计时，对于需要在程序中多次使用的那段功能程序可以设计为（　　）。

  A．内置函数 B．系统函数 C．自定义函数 D．数据文件

【解析】为了方便用户对数据库的查询和更新操作，SQL Server 不仅在 T-SQL 中提供了大量内部函数供编程调用，而且也为用户提供了自己创建函数的机制。

[参考答案] C。

5．Transact-SQL 是对（　　）的扩展。

  A．过程化语言   B．非过程化语言

  C．高级语言   D．SQL

【解析】Transact-SQL 是对 SQL 的扩充，扩充的内容主要包括 3 个方面：一是增加了流程控制语句；二是加入了局部变量、全局变量等许多新概念，可以写出更复杂的查询语句；三是增加了新的数据类型，处理能力更强。

[参考答案] D。

6．在 SQL Server 2008 中，流程控制语句是指那些用来控制程序执行和（　　）的语句。

  A．程序顺序 B．程序检测 C．流程分支 D．程序结构

【解析】流程控制语句是指那些用来控制程序执行和流程分支的语句。在 SQL Server 2008 中，流程控制语句主要用来控制 SQL 语句、语句块或者存储过程的执行流程。

[参考答案] C。

7．在 SQL Server 2008 中，使用 BEGIN…END、IF…ELSE、CASE、While、WAITFOR、RETURN 等语句，构成条件判断和循环结构，使程序更具结构性和逻辑性，以完成较复杂的操作。这些语句被称为（　　）语句。

  A．条件判断   B．条件控制

  C．循环控制   D．流程控制

【解析】为了使程序更具结构性和逻辑性，完成较复杂的操作，在 T-SQL 中引入了如同高级语言中的流程控制语句，从而使 T-SQL 的编程功能更强、更方便。

[参考答案] D。

8．下列哪个不属于使用游标的步骤（　　）？

  A．说明游标   B．删除游标

  C．打开游标   D．推进游标指针并取当前记录

【解析】在嵌入式 SQL 中使用游标需要四条语句：说明游标语句、打开游标语句、取数语句以及关闭游标语句。

[参考答案] B。

9. 必须使用游标的嵌入式 SQL 语句的情况是（　　　）。

　　A．INSERT　　　　　　　　　　　　B．对于已知查询结果确定为单元组时

　　C．DELETE　　　　　　　　　　　　D．对于已知查询结果确定为多元组时

【解析】如果查询结果超过一个元组，那就不可能一次性地给宿主变量赋值，需要在程序中开辟一个区域，存放查询的结果，然后逐个地取出每个元组给宿主变量赋值。为了逐个地取出该区域中的元组，需要一个指示器，指示已取元组的位置；每取一个元组，指示器向前推进一个位置，好似一个游标。

[参考答案] D。

10. 存储过程是 SQL 语句和可选控制流语句的预编译集合。为了便于应用程序通过调用执行，存储过程应该存储在（　　　）。

　　A．内存中　　　　　　　　　　　　B．函数中

　　C．SQL 语句中　　　　　　　　　　D．数据库内

【解析】从概念上来说，SQL Server 的存储过程类似于编程语言中的过程（也称为用户自定义函数或子程序），它是人们使用 T-SQL 的编程方法，将某些需要多次调用的、实现某个特定任务的代码段编写成一个过程，并将其视为独立的数据库对象保存在数据库中，由 SQL Server 服务器通过过程名来调用它们。

[参考答案] D。

4.2.2　填空题

1．SQL Server 2008 提供的 4 项基本服务分别是_____、_____、_____和_____。

【解析】SQL Server 2008 提供的 4 项基本服务，它们分别是数据库引擎、分析服务、集成服务、报表服务。

[参考答案] 数据库引擎，分析服务，集成服务，报表服务。

2．SQL Server 2008 中有 5 个系统数据库，它们分别是_____、_____、_____、和_____。

【解析】SQL Server 2008 中有 5 个系统数据库，它们分别是 master 数据库、tempdb 数据库、model 数据库、resource 数据库和 msdb 数据库。

[参考答案] master 数据库，tempdb 数据库，model 数据库，resource 数据库，msdb 数据库。

3．用户数据库也称为示例数据库，是由用户创建的，用来存放_____。

【解析】用户数据库也称为示例数据库，是由用户创建的，用来存放用户数据。

[参考答案] 用户数据。

4．SQL Server 2008 有两种类型的文件组，即_____和_____。

【解析】主文件组和用户定义文件组。主文件组包含主数据文件和任何没有明确分配给其它文件组的其它文件，系统表的所有页均分配在主文件组中。用户定义文件组是通过在 create database 或 alter database 语句中使用 filegroup 关键字指定的任何文件组。日志文件不包括在文件组内，日志空间与数据空间分开管理。

[参考答案] 主文件组，用户定义文件组。

5．SQL Server 数据库是数据库对象的容器，它以_____的形式存储在_____上。

【解析】SQL Server 数据库是数据库对象的容器，它以操作系统文件的形式存储在磁盘上，这类文件分为两种类型：SQL Server 数据库文件和 SQL Server 数据库文件组。

[参考答案] 操作系统文件，磁盘。

6．存储数据库数据的物理文件（也称为操作系统文件）可以分为以下三类：_____、_____和_____。

【解析】存储数据库数据的物理文件包括：主数据文件、辅助数据文件和事务日志文件。其中，主数据文件（Primary file）用来存储数据库的启动信息和部分或全部数据；辅助数据文件（Secondary file）用来存放表、视图和存储过程等用户文件，但不能存储系统对象；事务日志文件（Transaction log file）用来存放数据库的事务日志。

[参考答案] 主数据文件，辅助数据文件，事务日志文件。

7．Microsoft SQL Server 2008 提供了丰富的具有执行某些运算功能的内置函数，可分为_____、_____、_____和_____。

【解析】为了方便用户对数据库的查询和更新操作，Microsoft SQL Server 2008 提供了丰富的具有执行某些运算功能的内置函数，可分为行集函数、聚集函数、排名函数和标量函数 4 大类。

[参考答案] 行集函数，聚集函数，排名函数，标量函数。

8．在使用一个游标之前，首先必须声明它。游标的声明包括两个部分：_____和这个游标所用到的_____。

【解析】在使用一个游标之前，首先必须声明它。游标的声明包括两个部分：游标的名称和这个游标所用到的 SQL 语句。

[参考答案] 游标的名称，SQL 语句。

9．在存储过程创建后，存储过程的名称放在_____表中，文本存放在_____表中。

【解析】在存储过程创建后，存储过程的名称放在 sysobject 表中，文本存放在 syscomments 表中。

[参考答案] sysobject，syscomments。

10．游标的使用，是通过游标与_____的结合来实现的。

【解析】游标机制与应用程序的结合，可以实现从结果集的当前位置逐行检索数据；对结果集中当前位置的行进行数据修改操作；对结果集中的特定行进行定位；支持在存储过程和触发器中访问结果集中的数据等。

[参考答案] 应用程序。

4.2.3　问答题

1．SQL Server 2008 是哪个公司哪年发布的产品？

【解析】是 Microsoft 公司 2008 年推出的一个典型的、面向高端用户的大型关系型数据库管理系统。

2．SQL Server 2008 的体系结构主要由哪 4 部分组成？

【解析】Microsoft SQL Server 2008 系统由数据库引擎、分析服务、集成服务和报表服务 4 部分所组成。

3．SQL Server 2008 中的系统数据库由哪些数据库所组成？

【解析】SQL Server 2008 中的系统数据库由 master 数据库、tempdb 数据库、model 数据库、

resource 数据库和 msdb 数据库所组成。

　　4．Transact-SQL 中的变量有哪几种类型？各有何作用？

　　【解析】Transact-SQL 中的变量可分为局部变量和全局变量。局部变量用来创建批处理时经常需要保存的一些临时值；全局变量通常用来跟踪服务器的服务范围和特定会话期间的信息，全局变量其名称以@@开始，由 SQL Server 系统提供。用户不能定义全局变量，也不能通过 SET 语句为全局变量赋值。一般是将全局变量的值赋给局部变量。

　　5．在 Transact-SQL 中的运算符主要有哪几类？

　　【解析】在 SQL Server 2008 中，运算符主要有以下 6 大类：赋值运算符、算术运算符、位运算符、比较运算符、逻辑运算符和字符串连接运算符。

　　6．Transact-SQL 所支持的函数有几种类型？各有何功能特点？

　　【解析】Transact-SQL 所支持的函数有内置函数和用户自定义函数。内置函数是为了使用户对数据库进行查询和修改时更加方便，由系统定义的函数，所以又称为系统函数；用户自定义函数是用户使用一条或多条 Transact-SQL 语句组成的一段功能程序（子程序），以便重复使用。

　　7．什么是游标？试述存储过程中使用游标的步骤？

　　【解析】游标是系统为用户提供的一个数据缓冲区，存放 SQL 语句的执行结果，每个游标区都有一个名字。使用游标的 4 个步骤：

　　① 声明游标。使用 DECLARE 语句说明定义游标：
　　EXEC SQL DECLARE<游标名>CURSOR FOR<SELECT 语句>;

　　② 打开游标。使用 OPEN 语句打开已经定义的游标：
　　EXEC SQL OPEN<游标名>;

　　③ 推进游标并取出当前记录值：
　　EXEC SQL FETCH<游标名>
　　INTO<主变量>[<指示变量>][,<主变量>[<指示变量>]]…;
　　其中，主变量必须与 SELECT 语句中的目标列表达式一一对应。

　　④ 关闭游标。用 CLOSE 语句关闭游标，释放结果集占用的缓冲区及其资源：
　　EXEC SQL CLOSE<游标名>;

　　8．什么是存储过程？存储过程有哪些优点？

　　【解析】存储过程是一种存储在数据库上的，执行某种功能的预编译 SQL 批处理语句。存储过程的优点：

- 加快程序执行速度，运行效率高。
- 减少了客户端和服务器端之间的通信量。
- 允许程序模块化设计。

　　9．存储过程与函数有何区别？

　　【解析】存储过程和函数都属于可编程的数据库对象，它们都是具有一定功能的 SQL 语句的集合，且都可以带参数，但二者还是有很大区别，主要体现在：

- 存储过程是预编译的，执行效率比函数高。
- 存储过程可以不返回任何值，也可以返回多个输出变量，但函数有且必须有一个返回值。
- 存储过程必须单独执行，而函数可以嵌入到表达式中，使用更灵活。
- 存储过程主要是对逻辑处理的应用或解决，函数主要是一种功能应用。

　　10．存储过程与数据的安全性有何关系？

　　【解析】存储过程在一定程度上实现数据的安全性，这种安全性缘于用户对存储过程只有执行权限，没有查看权限。存储过程特别适合统计和查询操作，很多情况下管理信息系统的设计者将复杂的查询和统计用存储过程来实现，免去客户端的大量编程。

4.2.4 应用题

1. 使用游标，将选修了"计算机科学导论"课程且成绩不及格的学生选课记录显示出来，并从数据库中删除该选课记录。

【解析】使用游标的步骤是：定义游标、打开游标、逐行提取游标集中的行、关闭游标、释放游标。

```
DECLARE @ Sname varchar(20),@ score tinyint          /* 定义变量及赋初值 */
DECLARE myCur CURSOR FOR                              /* 定义游标 */
    SELECT StudentName,score
    FROM Student a,Course b,score c
    WHERE a.StudentN=c.StudentNo AND b.courseNo=c.courseNo
    AND courseName='计算机科学导论' AND score<60
OPEN myCur                            /* 打开游标 */
FETCH myCur INTO @ Sname,@ score      /* 获取当前游标的值放到变量@sName 和@score 中 */
WHILE(@@ FETCH_STATUS=0)
BEGIN
    SELECT @ Sname 学生姓名,@ score 课程成绩        /* 显示变量@Sname 和 @score 中的值 */
    DELETE FROM Score WHERE CURRENT OF myCur        /* 删除当前游标所指的选课记录*/
    FETCH myCur INTO @ Sname,@ score                /* 获取下一个游标值 */
END
CLOSE myCur                          /*关闭游标 */
DEALLOCATE myCur                     /*释放游标 */
```

2. 使用存储过程，输入某同学的学号，使用游标统计该同学的平均分，并返回平均分，同时逐行显示该同学的姓名、选课名称和选课成绩。

【解析】存储过程包括创建、执行、修改和删除，其中重要的是创建存储过程，其它过程都是在创建了存储过程的基础上进行的。使用存储过程时常常会用到游标，本题是存储过程与游标联合使用的典型实例。

```
CREATE PROCEDURE proStudentAvg(@Sno char(7),@ avg numeric(6,2) OUTPUT
AS
BEGIN
    DECLARE @ Sname varchar(20),@ Cname varchar(20)
    DECLARE @ grade tinyint,@ sum int,@ count tinyint
    SELECT @ sum=0,@ count=0
    DECLARE   curGrade CURSOR FOR                /* 定义、打开、获取游标 */
        SELECT Sname,Cname,score
        FROM Score a,Student b,Course C
        WHERE b.Sno=@ Sno AND a.Sno=b.Sno AND a.Cno=C.no
    OPEN curGrade
    FETCH curGrade INTO @ Sname,@ Cname,@ grade
    WHILE(@@ FETCH_STATUS=0)
    BEGIN
        SELECT @ Sname,@ Cname,@ grade             /* 业务处理 */
        SET @ sum=@ sum+@ grade
```

```
        SET @ count=@ count+1
        FETCH curGrade INTO @ Sname,@ Cname,@grade
    END
    CLOSE curGrade
    DEALLOCATE curGrade
    IF @ count=0
        SELECT @ avg=0
    ELSE
        SELECT @ avg=@ sum/@ count
END
```

§4.3　技能实训

本章安排有 3 个实训项目：游标、Transact-SQL 程序设计和存储过程。通过这 3 个项目实训，对提高数据库中的编程效率和程序执行效率有着非常重要的意义。

4.3.1　游标

【实训背景】

关系数据库管理系统实质是面向集合的，数据库中并没有一种描述表中单一记录的表达形式，除非使用 WHERE 子句来限制只有一条记录被选中。因此必须借助游标来进行面向单条记录的数据处理。游标允许应用程序对 SELECT 语句返回的行结果集中的每一行进行相同或不同的操作，而不是一次对整个结果集进行同一种操作。此外，它还提供基于游标位置对表中数据进行删除或更新的能力。游标是结果集的逻辑扩充，它使得应用程序可以逐行地处理结果集中的记录。因此，游标有以下主要功能：

- 能够定位结果集的特定行。
- 可以从结果集的当前位置检索一行或几行。
- 支持对结果集中当前位置的行进行数据修改。
- 当其他用户对显示在结果集中的数据进行修改时，游标可以提供不同级别的可见性。
- 提供脚本、存储过程和触发器中使用的访问结果集中数据的 T-SQL 语句。

若要对 SELECT 语句返回的结果值进行逐行处理，必须使用游标。可对游标的当前位置进行更新、查询和删除，使用游标必须经历 5 个步骤：

（1）定义游标：DECLARE。

（2）打开游标：OPEN。

（3）逐行提取游标集中的行：FETCH。

（4）关闭游标：CLOSE。

（5）释放游标：DEALLOCATE。

【实训目的】

（1）加深对游标概念的理解，熟练使用 T-SQL 语句进行游标操作。

（2）掌握游标定义、使用方法和使用游标修改和删除数据的方法。

【实训内容】

（1）利用游标逐行显示所查询的数据块的内容：在 student 表中定义一个包含 Sno、Sname、

Sex 和 Dept 的只读游标，游标名为 c_cursor，并将游标中的数据逐条显示出来。

（2）利用游标显示指定行的数据的内容：在 student 表中定义一个所在系为"计算机"包含 Sno、Sname、Sex 和 Dept 的游标，游标名为 c_cursor。然后，完成下列操作。

【实训步骤】

① 读取第一行数据，并输出；

② 读取最后一行数据，并输出；

③ 读取当前行的前一行数据，并输出；

④ 读取从游标开始的第三行数据，并输出。

⑤ 利用游标修改指定的数据元组：在 student 表中定义所在系为"计算机"，一个包含 Sno、Sname、Sex 和 Dept 的游标，游标名为 c_cursor，将游标中绝对位置为 3 的学生姓名改为"张建"，性别改为"男"。

⑥ 编写一个使用游标的存储过程并查看运行结果，要求该存储过程以课程名（Cname）和系（Dept）作为输入参数，计算指定系的学生指定课程的成绩分布情况，要求分别输出大于 90、80～89、70～79、60～69 和 60 分以下的学生人数。

4.3.2　Transact-SQL 程序设计

【实训背景】

标准 SQL 中的数据操纵语言（DML）只能用于修改或者返回数据，而没有提供用于开发过程和算法的编程结构，也没有包含用于控制和调整服务器的数据库专用命令。为此，每种功能完备的数据库产品都会使用一些各自专有的 SQL 来扩展弥补标准 SQL 的不足。Transact-SQL 便是微软公司在关系型数据库管理系统 Microsoft SQL Server 中使用的语言，简称 T-SQL。T-SQL 是 SQL Server 中的 SQL-3 标准的实现，也是微软公司对 SQL 的扩充。Transact-SQL 对 SQL 的扩充主要包括 3 个方面：一是增加了流程控制语句；二是加入了局部变量、全局变量；三是增加了函数调用和新的数据类型。从而，使 Transact-SQL 处理能力更强，可以写出更复杂的查询语句，为编程提供了极大方便。

【实训目的】

（1）熟练掌握 SQL Server 中变量、数据类型和表达式的定义和使用。

（2）掌握 Transact-SQL 中常用系统函数的使用方法。

（3）掌握流程控制语句和结构化程序设计方法。

（4）掌握分行处理表中记录的机制以及利用游标对数据进行查询、修改和删除的方法。

【实训内容】

（1）Transact-SQL 中变量、数据类型和表达式的使用。

（2）Transact-SQL 中常用系统函数的使用。

（3）利用流程控制语句实现结构化程序设计。

（4）利用游标分行处理机制实现数据的定位、查询、修改和删除。

【实训步骤】

1．统计 10～50 之间素数的个数及平均值。

```
DECLARE @m tinyint,@i tinyint,@sum numeric(7,2),@num int
SET @ m = 10
SET @ num = 0
SET @ sum =0.0
```

```
WHILE @ m <= 50
    BEGIN
        SET @ i = 2
        WHILE @ i<= sqrt(@m)
            BEGIN
                IF(@m % @ i = 0)
                    BREAK
                    SET @ i = @ i+1
            END
        IF (@ i >sqrt(@m))
            BEGIN
                SET @ sum = @sum + @m
                SET@ num= @num+1
            END
        SET @m =@m+1
END
SET@sum = @sum/@num
SELECT @num as 素数个数,@sum as 平均值
```

2．自行建立一个图书管理数据库，在读者表中查询姓赵的读者姓名，将结果赋给一个变量并输出。

```
DECLARE @ varl CHAR(10)
SELECT @ varl=姓名 FROM 读者
WHERE 姓名 LIKE '赵%'
SELECT @ varl
```

当表中有多个满足条件的记录时，只将最后一个结果赋给变量。比较下面语句的执行结果。

```
DECLARE @ varl CHAR(10)
SELECT @ varl=(SELECT 姓名 FROM 读者 WHERE 姓名 LIKE '赵%')
SELECT @ varl
```

〖问题点拨〗当子查询返回的值多于一个时，不允许用=、!=、<、<=、>、>=等关系运算。

3．假定最长借书期限为 6 个月，查询每位读者的图书到期日期。

```
SELECT 姓名,书名,DATEADD(MONTH,6,借阅日期)AS 到期日期
FROM 读者,借阅,图书
WHERE 读者.借书证号=借阅.借书证号 and 图书.图书编号=借阅.图书编号
```

4．查询中国水利水电出版社出版的图书信息。

```
IF EXISTS(SELECT * FROM 图书 WHERE 出版社 = '中国水利水电出版社')
    BEGIN
        PRINT '中国水利水电出版社包含如下书籍：'
        SELECT * FROM 图书 WHERE 出版社 = '中国水利水电出版社'
    END
ELSE
PRINT '暂时没有中国水利水电出版社的图书'
```

5．利用游标将记录定位在读者表中的第 6 条记录、第 3 条记录以及从当前行开始向后第 2 条记录。

```
DECLARE cur_book SCROLL CURSOR
FOR
SELECT * FROM 读者
OPEN cur_bock
FETCH ABSOLUTE 6 FROM cur_book
FETCH RELATIVE-3 FROM cur_book 或 FETCH ABSOLUTE 3 FROM cur book
```

```
FETCH RELATIVE 2 FROM cur_book
CLOSE cur_book
DEALLOCATE CUR_book
```

6．利用游标检索机制将所有中国水利水电出版社的图书定价上调 5%。

```
DECLARE @press CHAR(20),@price numeric(7,2)
DECLARE cur_book CURSOR
FOR
SELECT 出版社,定价
FROM  图书
OPEN cur_book
FETCH cur_book INTO @ press,@price
WHILE (@@ fetch_status = 0)
BEGIN
IF@ press = '中国水利水电出版社'
UPDATE  图书
SET  定价 = 定价 * (1+0.05)
WHERE CURRENT OF cur_book
FETCH cur_book INTO @press,@price
END
CLOSE cur_book
DEALLOCATE cur_book
Go
```

4.3.3 存储过程

【实训背景】

存储过程是 SQL Server 中 SQL 语句和可选控制流语句的预编译集合，以一个名称存储并作为一个单元处理。存储过程存储在数据库内，可由应用程序通过一个调用执行，而且允许用户声明变量、有条件执行以及其它强大的编程功能。

1．存储过程的类型

SQL Server 中的存储过程分为 3 类：系统存储过程、扩展存储过程和用户自定义存储过程。

（1）系统存储过程：是由系统自动创建的，主要存储在 master 数据库中并以 sp_为前缀。功能主要是从系统表中获取信息，从而为系统管理员管理 SQL Server 提供支持。

（2）扩展存储过程：是指 Microsoft SQL Server 的实例可以动态加载和运行的 DLL。扩展存储过程允许使用宿主编程语言（如 C/C++、VB 等语言）创建自己的外部例程。

（3）用户自定义存储过程：用户创建并完成某一特定功能的存储过程，存储在所属的数据库内。存储过程可以接受输入参数、向客户端返回表格或标量结果和消息、调用数据定义语言（DDL）和数据操作语言（DML）语句，然后返回输出参数。

2．存储过程的优点

在 SQL Server 中使用存储过程而不使用存储在客户端计算机本地的 Transact-SQL 程序的好处包括以下几点。

（1）允许模块化程序设计：存储过程一旦创建，以后即可在程序中调用任意多次。这可以改进应用程序的可维护性，并允许应用程序统一访问数据库。

（2）可以减少网络通信流量：一个需要数百行 Transact-SQL 代码的操作可以通过一条执行存

储过程代码的语句来执行，而不需要在网络中发送数百行代码。

（3）允许更快执行：存储过程只在第一次执行时需要编译且被存储在存储器内，其它次执行不必由数据引擎再编译，从而提高了执行速度。

（4）可作为安全机制使用：即使对于没有直接执行存储过程中语句的权限的用户，也可授予他们执行该存储过程的权限。

3. 存储过程的功能

存储过程是为了完成特定功能汇集而成的一组命名了的 SQL 语句集合，该集合编译后存放在数据库中，可根据实际情况重新编译。该存储过程可直接运行，也可远程运行，存储过程直接在服务器端运行。T-SQL 中的存储过程与其它编程语言中的过程类似，且具有如下功能特点。

（1）可以接受输入参数，并以输出参数的形式为调用过程或批处理返回多个值。

（2）可以执行数据库操作的 T-SQL 编程语句，允许调用其它存储过程或嵌套调用。

（3）可以为调用过程或批处理返回一个状态值，以表示成功或失败，以及失败原因。

【实训目的】

（1）理解存储过程的概念，了解存储过程的类型。

（2）掌握在对象资源管理器中创建和管理存储过程的方法。

（3）掌握利用 T-SQL 语句创建和管理存储过程的方法。

【实训内容】

（1）在对象资源管理器中创建、修改和删除存储过程。

（2）利用 T-SQL 语句创建、修改和删除存储过程。

（3）执行存储过程。

【实训步骤】

1. 利用 SQL Server Management Studio 创建和管理存储过程

（1）启动 SQL Server Management Studio，在"对象资源管理器"窗口中，利用图形化的方法创建带参数存储过程 proc_select，输入学生学号，输出学生姓名和专业信息。

（2）启动 SQL Server Management Studio，在"对象资源管理器"窗口中，利用图形化的方法创建带参数存储过程 proc_insert，能够完成新增学生记录。

（3）启动 SQL Server Management Studio，在"对象资源管理器"窗口中，利用图形化的方法删除存储过程 proc_insert。

2. 利用 T-SQL 语句创建和管理存储过程

（1）启动 SQL Server Management Studio，在 SQL 编辑器中，利用 T-SQL 语句 CREATE PROCEDURE 命令创建带参数存储过程 proc_query，输入学生学号，输出学生不及格的课程数。

（2）启动 SQL Server Management Studio，在 SQL 编辑器中，利用 T-SQL 语句 DROP PROCEDURE 命令删除存储过程 proc_query。

（3）启动 SQL Server Management Studio，在 SQL 编辑器中，执行存储过程 proc_select，根据学号 20121101 查询其姓名和专业信息。

§4.4　知识拓展——多媒体数据库系统

随着多媒体技术的发展，计算机应用领域中的多媒体信息也越来越多，不但信息量日益增大，而且媒体形式也日益增多，但传统的关系数据库系统只支持基本规范数据类型。为了实现对多种媒体信息的管理，多媒体数据库系统（Multimedia Database System，MDS）应运而生。多媒体数据库系统是多媒体技术与数据库技术相结合的产物，已成为当前最有吸引力的一种数据库技术。

4.4.1　多媒体数据库的基本特征

媒体（Media）是信息的载体。多媒体是指多种媒体，如数字、字符、文本、图形、图像、声音和视频的有机集成，而不是简单的组合。其中数字、字符等称为格式化数据；文本、图形、图像、声音、视频等称为非格式化数据。传统数据库所处理的数据信息是格式化数据，而多媒体数据库所处理的是非格式化数据。由于非格式化数据的数据量大，而且处理复杂，因此构成了多媒体数据库的特征。

1. 数据信息特征

传统数据库处理的数据类型为字符、数字和布尔型等格式化的数据，可以由键盘输入，以文字、表格等简单形式输出。但文本、图形、图像、声音等多媒体数据与格式化数据有许多不同，主要表现在以下几个方面：

（1）数据量大：格式化数据的数据量较小，最长的字符型为 254 个字节。多媒体数据的数据量则非常庞大，尤其是视频和音频数据。一个未经压缩处理的 10 分钟视频信息大约需要 10GB 以上的存储空间。

（2）结构复杂：传统的数据以记录为单位，一个记录由多个字段组成，结构简单。而多媒体数据种类繁多，结构复杂，大多是非结构化的数据，来源于不同的媒体且具有不同的形式和格式，可以是由文字、图像、声音等组成的复杂对象，即使是一幅动画也是由许多画面合成的。

（3）有时序性：由文字、声音或图像组成的复杂对象需要有一定的同步机制，如一幅画面的配音或字幕需要与画面同步，不能超前也不能滞后，而传统数据没有这些要求。

（4）有连续性：多媒体数据传输具有连续性，如声音或视频数据的传输都必须是连续的、稳定的，不能间断，否则会出现失真而影响效果。

2. 技术要求特征

由于多媒体数据库需要同时管理规则数据和非规则数据，而非规则数据除具有数据量大和处理复杂等特点外，其中的图形和图像等数据还具有空间特性，声音和视频等数据还具有时序特性，这些都给多媒体数据的处理和管理带来了新的技术要求。

（1）存储要求：由于某些多媒体数据的数据量巨大，按照传统的方法是无法对其进行组织和存储管理的。所以除了需要为这类数据选择专门的逻辑组织方式和物理存储方式外，还需要附加一些必要的处理操作。例如，对动态视频数据需要进行专门的压缩和解压缩，等等。

（2）处理要求：对多媒体数据支持的事实表明，系统中的媒体数据类型不仅增加较多，而且复杂媒体的数据类型和数据输出比例明显增大。对于每一种媒体数据类型来说，都要求有适合于自己的数据结构、存取方式、操作要求、基本功能和实现方法。这些都给多媒体数据的处理带来了难度和困难，给系统的实现提出了更高的技术要求。

（3）查询要求：多媒体数据的引入使系统查询方式呈现出多样性。要求系统不仅要支持传统的精确查询方式，而且要支持非精确查询、相似查询、模糊查询等。在以图像处理为主要应用目的的信息系统（图像数据库）中，一般要求系统具有基于内容的检索功能，比如按图像的纹理特征、颜色特征、边缘特征、形状特征等进行查询。

（4）其它处理和管理要求：在多媒体数据的引入过程中还会出现其它一些要求。比如动态视频的播放可能需要几个小时，所以就需要系统提供长事务支持功能。又比如，在用复杂媒体数据描述问题时，对系统的表现形式、表现质量、系统效率等都有一定要求。因而对系统的有关实现技术都提出了更高的要求。

3. 系统组成特征

多媒体数据库要实现对格式化和非格式化的多媒体数据的存储、管理和查询。为了便于对非格式化数据中的图形图像数据、视频数据、音频数据进行管理，必须建立图像数据库、视频数据库、音频数据等，因为它们之间具有不同的特性。

（1）图像数据库：图形和图像具有一些不同于常规数据类型的特征：数据是静态的，尺寸是可变的，数据量有大有小。所有的图像与常规的字符数据平等处理，但图像对象和特征的辨认是不精确的，对图像内容的不精确的描述自然意味着查询的不精确匹配。

（2）视频数据库：用面向对象方法适合于视频数据库的数据建模框架，为了从视频数据库中调出派生的场景，需要对每一场景进行语义描述，所以模型中必须有减少场景描述程度的机制。不同的建模框架对查询语言影响较大，有关查询语言的功能问题不能与数据模型剥离开来，对取出的场景在规定时间内重放是必要的，利用图像处理技术进行视频索引将丰富视频数据库的检索功能。需要开发一种新的存储系统体系结构以保证最低的数据传输速度，不管被访问的视频图像有多大，也不管用户的数量有多大，视频图像的发送系统要求存储数据量大且有足够的带宽传输，必须保证最低的传输速度，以保证图像的质量要有不同于传统的事务管理方法，主要保证数据的添加。目前，视频数据库已大量用于计算机辅助教学。

（3）音频数据库：在音频数据库中，对音频数据如何存放才能方便分析，而且对音频数据的检索是音频数据库成功实现的关键，传统的数据存放和处理方式是无法满足这些要求的。

多媒体数据的这些特点使得系统不能像格式化数据一样去管理和处理多媒体数据，而且也不能简单地通过扩充传统数据库满足多媒体应用的需求。因此，多媒体数据库需要有特殊的数据结构、存储技术、查询和处理方式。

4. 技术应用特征

目前，多媒体数据库已经广泛应用于许多领域中，具有犯罪现场录像，犯罪嫌疑人相片、声音和指纹等信息的犯罪嫌疑人跟踪系统；具有声音、相片的多媒体户籍管理系统；Internet 上静态图像的检索系统；视频会议等。这些典型的多媒体数据库与传统的关系数据库及其它数据库系统具有显著区别，主要体现在以下几个方面：

- 处理的数据对象、数据类型、数据结构、数据模型和应用对象都不同，处理方式也不同。
- 多媒体数据库存储和处理复杂对象，其存储技术需要增加新的处理功能，如数据压缩和解压。
- 多媒体数据库面向应用，没有单一的数据模型适应所有情况，随应用领域和对象而建立相应的数据模型。
- 多媒体数据库强调媒体独立性，用户应最大限度地忽略各媒体间的差别而实现对多种媒体数据的管理和操作。
- 多媒体数据库强调对象的物理表现、交互方式，终端用户界面的灵活性和多样性。
- 多媒体数据库具有更强的对象访问手段，比如特征访问、浏览访问、近似性查询等。

4.4.2　多媒体数据库的基本结构

由于多媒体数据的多样性，很难用一个统一的数据模型面向所有的媒体应用需求。尽管有各种各样的多媒体数据库出现，但目前还没有一个得到公认的多媒体数据模型，因而也没有一个标准的多媒体数据库体系结构。在分析目前各种多媒体数据库组织方式的基础上，认为目前的多媒体数据库基本结构主要有以下两种实现方式。

1. 组合式多媒体数据库的基本结构

组合式多媒体数据库组织结构的基本思想是根据多媒体数据的多样性特点，分别为每一种媒体数据建立数据库及其相应的数据库管理系统。多媒体数据库管理系统能够有效地存储和操纵多媒体数据。组合式多媒体数据库的基本结构如图 4-1 所示。

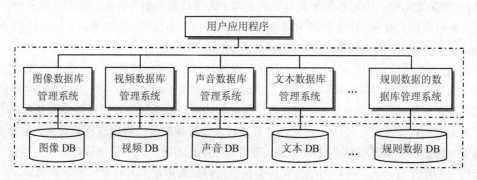

图 4-1 组合式多媒体数据库的基本结构

在这种结构的多媒体数据库系统中，可以利用各种单一媒体数据库的技术对各个媒体的数据库分别进行管理。各个单一媒体的数据库管理系统及其数据库虽然是相对独立的，但它们之间可以通过相互通信进行一定的协调和执行相应的操作。用户既可以对单一媒体的数据库进行访问，也可以对多个媒体的数据库进行访问。但从总体上来说，同时对多个媒体的数据库进行联合查询操作等是比较困难的。也就是说，这种组织结构的多媒体数据库中的各个不同媒体数据库之间的协调是相当有限的，用户必须按照应用要求，通过对不同媒体的数据库管理系统和相应的数据库的操作和访问实现应用要求。所以用户应用程序的设计相对要复杂一些。

2. 主从式多媒体数据库的基本结构

主从式多媒体数据库组织结构是在各种不同媒体的数据库管理系统（也即从 DBMS）之上建立一个主数据库管理系统，通过主 DBMS 对各个从 DBMS 的管理和控制，从外部应用的角度弱化多媒体数据的多样性，降低用户应用程序设计的复杂性。但每一种媒体数据的数据库仍由各自的数据库管理系统进行管理，其基本结构如图 4-2 所示。

在这种结构的多媒体数据库系统中，微观上各个媒体数据库的管理仍是由各种单一媒体的数据库管理系统实现的。但在宏观上，用户对数据库的访问是由主 DBMS 实现的，用户对多种媒体数据的查询结果的集成也是由主 DBMS 实现的。这样对多种媒体数据的综合查询对用户来说是相对透明的，从而使用户应用程序的设计相对要简单一些。

图 4-2 主从式基本结构

在多媒体数据库中的数据被表示为文本、图像、语音、图形和视频等形式，用户可以定期更新多媒体数据，从而使数据库中所包含的信息精确地反映现实世界。随着数据库技术的发展，一些多媒体数据库管理系统已经能够存储和操作各种类型的数据，使用户能够通过该系统对数据进行浏览或查询，并且可以在很短的时间内访问大量的相关数据。这样的数据库管理系统对 CAI、CAD/CAM 等大型应用系统是非常有用的。

4.4.3　多媒体数据库的关键技术

从上面多媒体数据库系统的特征和多媒体数据库系统的组织结构可以看出，它与其它类型数据库系统的主要区别在于数据形式的多样化。多媒体数据库系统涉及以下关键技术。

1. 多媒体数据模型

多媒体数据模型主要采用文件系统管理方式、扩充关系数据库的方式和面向对象数据库的方式。

（1）文件系统管理方式：多媒体数据是以文件的形式在计算机上存储的，所以用各种操作系统的文件管理功能就可以实现存储管理。Windows 的文件管理器或资源管理器不仅能实现文件的存储管理，而且还能实现有些图文资料的修改，演播一些影像资料。

文件系统方式存储简单，当多媒体资料较少时浏览查询还能接受；但演播的资料格式受到限制，最主要的是当多媒体资料的数量和种类相当多时，查询和演播就不方便了。

（2）扩充关系数据库的方式：数据库的出现是为了解决文件管理数据的不足，同样，为了解决多媒体数据管理，人们会自然地想到使用数据库。传统的关系数据模型建立在严格的关系代数基础上，解决了数据管理的许多问题。目前基于关系模型的数据库管理系统仍然是主流技术，但是平坦化的数据类型不适于表达复杂的多媒体信息，文本、声音、图像这些非格式化的数据是关系模型无法处理的。简单化的关系也会破坏媒体实体的复杂联系，丰富的语义性超过了关系模型的表示能力，出于保护原有投资和市场的考虑，全球几家大的数据库公司都已将原有的关系数据库产品加以扩充，使之在一定程度上能支持多媒体的应用。用关系数据库存储多媒体资料的方法一般有：

- 用专用字段存放全部多媒体文件。
- 多媒体资料分段存放在不同字段中，播放时再重新构建。
- 文件系统与数据库相结合，多媒体资料以文件系统存放，用关系数据库存放媒体类型、应用程序名、媒体属性、关键词等。

2. 数据的压缩和解压缩

在多媒体系统中，由于涉及到大量的声音、图像甚至影像视频，数据量是巨大和惊人的。例如，一分钟的声音信号，如用 11.2kHz 采样频率，每个采样用 8bit（位）彩色信号表示时，约需 0.66MB 的空间；采样频率为 44.1KHz 时，将基本达到目前的 CD 音乐激光唱盘的音质，如果量化为 16 位，采用双声道立体声，将达到 1.4Mb/s，在 600MB 的光盘中仅能存放 1 小时左右的数据。又例如，一幅中等分辨率的图像（分辨率为 640×480，256 色）约需 0.3MB 的空间；一幅同样分辨率的真彩色图像（24 位/像素），约需占 0.9MB 的空间；一幅分辨率为 640×480 的 256 色图像需要 307200 像素，存放一秒钟（30 帧）这样的视频文件就需要 9216000 字节，约为 9MB；两小时的电影需要 66355200000 字节，即约为 66.3GB。

要存储这类如此巨大的多媒体数据信息，唯一有效的办法是采用数据压缩技术。多媒体信息是经过数据编码、压缩处理后存放的。多媒体数据压缩技术也称为压缩/解压技术（Compression/Decompression，CODE）。经过压缩的数据在播放时需要解压缩，也称为数据解码，解压缩是数据压缩的逆过程，即把压缩数据还原成原始数据相近的数据。

数据压缩技术是多媒体信息处理的关键技术。对于数据压缩问题的研究已进行了近五十年，从 PCM（脉冲编码调制）编码理论开始，到如今已成为多媒体数据压缩标准的 JPEG、MPEG，其间产生了各种各样针对不同用途的压缩算法、压缩手段和实现这些算法的大规模集成电路或者计算机软件。但研究仍未停止，人们还在继续寻找更加有效的压缩算法，及其用硬件或者软件实现的方法。

3．多媒体数据的存取方法

如何有效地按照多媒体数据的特性去存取多媒体数据呢？利用常规关系数据库管理系统来管理多媒体数据已经不能适应了，基于内容的多媒体信息检索的研究应运而生，它支持其它多媒体信息技术，如超媒体技术、虚拟现实技术、多媒体通信网络技术等。多媒体内容的处理分为 4 个步骤：内容获取、内容描述、内容操纵和内容摘要。

（1）内容获取（Populating）：通过对各种内容的分析和处理获得媒体内容的过程。多媒体数据具有时空特性，内容的一个重要成分是空间和时间结构。内容的结构化（Structuring）就是分割（Segmenting）出图像对象、视频的时间结构、运动对象以及这些对象之间的关系。特征抽取（Extraction）就是提取显著的区分特征和人的视觉（Visual）、听觉（Auditory）方面的感知特征来表示媒体和媒体对象的性质。

（2）内容描述（Description）：描述在以上过程中获取的内容。目前 MPEG-7 专家组正在制定多媒体内容描述标准。该标准主要采用描述符（Descriptor）和描述模式（Scheme）来分别描述媒体的特性及其关系。

（3）内容操纵（Manipulating）：用户针对内容的操作和应用方面的名词和术语，查询（Query）是面向用户的术语，多用于数据库操作。检索（Retrieval）是在索引（Index）支持下的快速信息获取方式。搜索（Search）是常用于 Internet 的搜索引擎，含有搜寻的意思，又有在大规模信息库中搜寻信息的含义。

（4）内容摘要（Summarization）：对多媒体中的时基媒体（如视频和音频）进行的一种特殊操作。我们熟知文献摘要的含义，在内容技术支持下，也可以对视频和音频媒体进行摘要，获得一目了然的全局视图和概要。同样，用户可以通过浏览（Browsing）操作，线性或非线性地存取结构化的内容。

4.4.4　多媒体数据库的研究与发展

传统数据库模型主要针对的是整数、实数、定长字符等规范数据。当图像、声音、动态视频等多媒体信息引入计算机之后，可以表达的信息范围将大大扩展。但多媒体数据不规则，没有一致的取值范围，没有相同的数据量级，也没有相似的属性集，因此提出了许多新的问题，需要人们进一步探索、研究和解决，以适应多种媒体信息综合应用和迅速发展的需要。

1．研究的主要途径

当前的各种商用数据库管理系统，例如 Ingress、Oracle、Sybase、DB2 等，都提供了对多媒体数据类型的支持，其支持方式主要是在系统中引入无结构数据类型实现对多媒体数据的存储，但总的来说它们对多媒体应用的支持是有限的。目前，多媒体数据库的研究主要有以下 3 条途径。

① 在现有商用数据库管理的基础上增加接口，以满足多媒体应用的需要。

② 建立基于一种或几种应用的专用多媒体信息管理系统。

③ 从数据模型入手，研究全新的通用多媒体数据库管理系统。

在这三种途径中，第一种途径实用，但效率较低；第二种途径易于实现，但通用性和可扩展性较差；第三种途径是研究和发展的主流，但研究难度大。

2．研究的主要内容

在多媒体数据库的研究和设计方面还有许多技术问题需要研究解决，这些问题主要有以下几个方面：

- 多媒体数据模型的研究。
- 多媒体数据库的标准化查询与操作语言研究。
- 多媒体数据库的用户接口技术研究。
- 多媒体数据的存取和组织技术研究。
- 多媒体数据的一体化管理技术研究。
- 多媒体数据库的控制与并发机制研究等。

3. 研究的主要策略

当前，对于多媒体数据库的研究已成为数据库技术发展的一个焦点，并且也产生了许多实用系统。但是很多系统都是专用的，并且功能也不是很完善。因此，要想开发出一个通用的多媒体数据库，还应该重点研究以下问题：

（1）语义模型研究：加强合理语义模型技术，特别是视频和图像的语义模型。这些模型应该有足够的能力抽象多媒体信息、捕捉其特性，并充分地把其时空特性表现出来。

（2）数据模型研究：设计有效的多媒体数据的索引和组织方法，建立适合于媒体同步和集成的数据模型。

（3）查询语言研究：多媒体查询语言能够表达出模糊的复杂语义，表现时空关系，并实现基于内容的查询。

（4）数据存放模式研究：对于物理存储管理要设计出有效的数据存放模式，以满足多媒体数据实时性的要求。与此同时，实现分布式多媒体数据库的管理，在网络环境下要求系统提供站点透明存取并支持实时数据的传输。

（5）采用面向对象方法：关系数据库在事务管理方面获得了巨大的成功，但它主要是处理格式化的数据及文本信息，而多媒体信息是非格式化的数据，具有对象复杂、存储分散和时空同步等特点，所以，尽管关系数据库非常简单有效，但用它管理多媒体资料仍不能尽如人意。由于面向对象方法中对象的集合、对象的行为、状态和联系是以面向数据模型来定义的，因而最适合于描述复杂对象。通过引入封装、继承、对象、类等概念，可以有效地描述各种对象及其内部结构和联系，面向对象数据库的复杂对象管理能力对处理非格式化多媒体数据有益。根据对象的标志符的导航存取能力有利于对相关信息的快速存取，封装和面向对象编程概念又为高效软件的开发提供了支持。面向对象数据库方法是将面向对象程序设计语言与数据库技术有机地结合起来，是开发多媒体数据库系统的主要方向。

4. 多媒体数据库的发展

在传统数据库系统中引入多媒体的数据和操作是一个极大的挑战，这不只是把多媒体数据加入到数据库中就可以完成的问题。传统的字符型和数值型数据虽然可以对很多的信息进行管理，但由于这一类数据的抽象特性，应用范围毕竟十分有限。为了构造出符合应用需要的多媒体数据库，必须解决诸如用户接口、数据模型、体系结构、数据操纵、系统应用等一系列问题。

这些问题包括两个方面：一是多媒体技术问题，例如图像、动画的处理速度不够理想，不能对图像进行自动识别，高质量图像的数据压缩比仍需要改进，图像及语音的识别，动画图像压缩和软件支撑等技术还需作进一步的研究，多媒体的标准化也是一个极其重要的问题。

二是将多媒体技术、计算机网络技术、数据库技术进行有机结合的问题。这是一个技术综合应用问题，换句话说，多媒体数据库系统的发展与整个计算机科学技术领域的发展密切相关。随着计算机科学技术的发展，多媒体数据库技术显得越来越重要，应用领域会更加广阔，现代通信技术也得到突飞猛进的发展，以它为基础的多媒体数据库技术将改变我们未来的工作和生活方式。

第 5 章　数据库保护

【问题描述】数据库系统在运行时，数据库管理系统要对数据库进行监控，以保证整个系统的正常运行，防止数据意外丢失和不一致数据的产生。数据库管理系统对数据库的监控称为对数据库的保护。对数据库的保护主要包括数据库的安全控制、数据库的完整性控制、数据库的并发控制和数据库的恢复。

【辅导内容】给出本章的学习目标、学习方法、学习重点、学习要求、关联知识，以及相关概念的区分。然后，给出本章的习题解析、技能实训，以及知识拓展（分布式数据库系统和并行数据库系统）。

【能力要求】通过学习引导，掌握本章的知识要点；通过习题解析，加深对数据库保护的全面了解；通过技能实训，熟练掌握 SQL Server 2008 对数据库保护的实现；通过知识拓展，了解分布式数据库系统和并行数据库系统的基本概念。

§5.1　学习引导

数据库保护是数据库应用技术基础，不仅涉及到很多基本概念，而且均与 DBMS 提供的功能支持密切相关。本章全面介绍了数据保护的理论知识以及 SQL Server 2008 对保护技术的实现。

5.1.1　学习导航

1. 学习目标

本章主要讲授数据库的完整性约束、安全性约束以及相应的数据库编程技术。数据库的安全性是指保护数据库以防止不合法使用所造成的数据泄密、更改或破坏；数据库的完整性是指防止数据库中存在不符合语义的数据，其防范对象是不合语义的、不正确的数据。本章的学习目标：一是要求熟练掌握数据库管理系统安全性保护基本原理与方法，并能熟练运用 SQL 中的 GRANT 和 REVOKE 语句进行授权；二是要求熟练掌握数据库管理系统完整性保护措施，并能熟练运用 SQL 中的 DDL 语句进行完整性约束定义；三是要求熟练运用触发器完成复杂的完整性约束和审计功能，熟练编写存储过程完成复杂的业务处理和查询统计工作。

2. 学习方法

本章应在理解完整性约束和安全性约束等原理的基础上加强实训练习。因此，要求读者能结合课堂讲授的知识，强化上机实训，通过编程练习加深对相关知识的理解，以达到学习目标。

3. 学习重点

本章中介绍的 5 个方面均为重要内容，为了加深对各知识点的理解，各节均以"问题的提出"引出该节所要讨论的问题。每一节的最后都介绍了该问题在 SQL Server 2008 中的具体实现，以此达到学用结合的目的。

4. 学习要求

本章的学习内容不仅重要，而且都与实际应用密切相关，因此在学习中应掌握如下内容：

（1）数据库管理系统实现安全保护的措施包括哪些？这些措施如何保证安全性？

（2）数据库中的账号、用户和角色之间的关系如何？用户分为哪几类？对不同类别的用户，应该授予何种权限才可以达到较好的安全性保护？

（3）数据库管理系统实现完整性保护的措施包括哪些？这些措施如何保证完整性？

（4）完整性约束条件包括哪些？数据库管理系统如何对这些约束条件进行处理？这些约束条件处理的顺序是什么？

5. 关联知识

数据库保护是数据库管理系统的功能和职责，不同的数据库管理系统具有不同保护措施和保护策略。因此，本章是第 4 章 SQL Server 2008 管理功能的实现。其中，游标和存储过程用来弥补因 SQL 功能所限而带来的问题；触发器用来提高数据库管理系统的主动性功能。换句话说，游标、存储过程和触发器是为提高数据库管理系统的性能而采取的技术措施。

5.1.2　相关概念的区分

数据保护亦称为数据控制，包括数据的安全性控制、完整性控制、并发控制和恢复。SQL 提供了数据控制功能，能够在一定程度上保证数据库中数据的完全性、完整性，并提供了一定的并发控制及恢复能力。在本章学习过程中，要注意以下概念的区别。

1. 数据库安全性与完整性的区别

数据库的安全性是指保护数据库，防止因用户非法使用数据库造成数据泄露、更改或破坏。为了保证数据库中共享数据资源的安全，必须在数据库管理系统中建立一套完整的使用规则进行数据库保护。数据库安全保护的目标是确保只有授权用户才能访问数据库，其安全措施是在用户访问数据库时需要经过身份确认。

数据库的完整性是指数据的正确性、有效性和相容性，防止错误的数据进入数据库。其中，正确性是指数据的真实合法性；有效性是指数据的取值是否属于所定义的有效范围；相容性是指表示同一事实的两个或多个数据必须一致。例如，学生的学号必须统一，学生的性别只能是男、女，等等。

数据库安全性与完整性的区别体现在：安全性是保护数据以防止不合法用户故意造成的破坏；完整性是保护数据以防止合法用户无意中造成的破坏。

2. 完整性与约束条件的关系

数据库是否具备完整性关系到数据库是否能真实地反映现实世界。为了维护数据库的完整性，DBMS 必须提供一种机制来检查数据库中的数据，看其是否满足语义规定的条件，这些加在数据库数据之上的语义约束条件称为数据库的完整性约束条件，它们作为模式的一部分存入数据库中。DBMS 中检查数据是否满足完整性条件的机制称为完整性控制机制。

3. SQL 中检查约束和断言完整性约束的区别

SQL 中检查（CHECK）约束子句主要用于对属性值、元组值加以限制和约束；而断言实际上是一种涉及面广的检查子句，用 CREATE 语句来定义。这两种约束都是在进行插入或删除时激活，进行检查。

检查约束子句只在定义它的基本表中有效，而对其它基本表无约束力，因此在修改与检查约束子句有关的其它基本表时，就不能保证这个基本表中检查约束子句的语义了；而断言能保证完整性约束的彻底实现。例如，在 student 的定义中增加一个检查：男同学的年龄应在 15~30 岁之间，女同学的年龄应在 15～25 岁之间，用 CHECK 子句检查约束，则为：

CHECK(age>=15 AND ((sex='M' AND age<=30)OR (sex='F' AND age<=25)))

用断言检查约束，则为：

ASSERT 年龄约束 ON student: age>=15 AND ((sex='M' AND age<=30)OR (sex='F' AND age<=25)))

§5.2 习题解析

5.2.1 选择题

1．数据库的安全性是指保护数据库，以防止不合法的使用而造成的数据泄露、更改或破坏，下列措施中，（   ）不属于实现安全性的措施。

    A．数据备份　　　　　　　　　　　B．授权规则

    C．数据加密　　　　　　　　　　　D．用户标识和鉴别

【解析】数据库安全性控制的常用方法有：用户标识和鉴别、存取控制（授权规则）、视图、审计和数据加密等号。数据备份属于数据恢复范畴，不是实现数据安全性的措施。

[参考答案] A。

2．日志文件主要是用来记录（   ）。

    A．程序执行的结果　　　　　　　　B．程序的运行过程

    C．数据操作　　　　　　　　　　　D．对数据的所有更新操作

【解析】数据库系统发生故障时，为了能够使数据库中的数据得到恢复，日志文件用来记录事务对数据所做的所有更新操作

[参考答案] D。

3．数据的完整性是指数据的正确性、有效性和（   ）。

    A．可维护性　　　B．独立性　　　C．安全性　　　　D．相容性

【解析】数据模型应该反映和规定本数据模型必须遵守的完整性约束条件。完整性规则是给定的数据模型中数据及其联系所具有的制约和依存规则，用以限定符合数据模型的数据库状态及其状态的变化，以保证数据的正确性、有效性和相容性。

[参考答案] D。

4．触发器作为一种特殊类型的存储过程，与存储过程的主要区别在于（   ）。

    A．程序定义方式不同　　　　　　　B．调用方式不同

    C．传递参数的格式不同　　　　　　D．定义方式和执行方式不同

【解析】触发器作为一种特殊类型的存储过程，它与存储过程的主要区别在于：

（1）定义方式不同：存储过程的定义可有参数，而触发器的定义不能有参数。

（2）执行方式不同：触发器由引起表数据变化的操作（增、删、改）触发而自动执行，而存储过程必须通过具体的语句调用。存储过程必须单独执行，而函数可以嵌入到表达式中，使用更灵活。

[参考答案] D。

5．当普通的约束（包括 CHECK 机制、DEFAULT 机制、RULE 机制）不足以加强数据的完整性时，就可以考虑使用（   ）。

    A．游标　　　　B．存储过程　　　C．触发器　　　　D．其它措施

【解析】当普通的约束不足以加强数据的完整性时，就可以考虑使用触发器。因为触发器可以为数据库建立独立于具体客户端软件的完整性规则，所以触发器对于那些为不同的商务软件提供后台数据服务的大型系统特别有用。

[参考答案] C。

6. 并发控制的主要技术是（　　）。

　　A. 备份　　　　　　B. 日志　　　　　　C. 授权　　　　　　D. 封锁

【解析】数据库系统中对多个并发执行的事务进行控制的主要技术是封锁技术。

[参考答案] D。

7. "脏"数据的读出是（　　）遭到破坏的情况。

　　A. 完整性　　　　　B. 并发性　　　　　C. 安全性　　　　　D. 一致性

【解析】如果不加以控制，数据库的并发操作可能会带来丢失更新、读脏数据以及读值不可复现的情况。

[参考答案] B。

8. 在 SQL Server 中，对确保数据的完整性最有效的技术措施是采用了（　　）。

　　A. 系统检测　　　　B. 系统监控　　　　C. 处理机制　　　　D. 触发器

【解析】触发器是一种特殊的存储过程。在创建有触发器的数据表中，对数据进行更新（插入、修改以及删除）操作时，会自动执行对应的触发器代码。触发器为数据库提供了有效的监控和处理机制，来确保数据的完整性。

[参考答案] D。

9. SQL 中提供（　　）语句用于实现数据存取的安全控制。

　　A. CREATE TABLE　　　　　　　　B. COMMIT

　　C. GRANT　　　　　　　　　　　　D. ROLLBACK

【解析】SQL 中通过授权语句 GRANT 实现数据存取的安全控制。SQL 中的 ROLLBACK 语句的主要作用是在数据库系统发生故障时，通过 ROLLBACK 语句消除事务对数据库的产生影响。

[参考答案] C。

10. 数据库中后援副本的用途是（　　）。

　　A. 故障恢复　　　　B. 安全性保障　　　　C. 一致性控制　　　　D. 数据的转储

【解析】当数据库系统发生故障时，常常利用后援副本对数据库中的数据进行恢复。

[参考答案] A。

5.2.2　填空题

1. 当使用 INSERT、DELETE、UPDATE 命令对触发器所保护的数据进行修改时，它能被系统_____，防止对数据进行不正确、未授权或不一致的修改。

【解析】触发器用来防止对数据进行不正确、未授权或不一致的修改。当使用 INSERT、DELETE、UPDATE 命令对触发器所保护的数据进行修改时，它能被系统自动激活。当用户对指定的数据进行修改时，SQL Server 将自动执行在相应触发器中的 SQL 语句。

[参考答案] 自动激活。

2. 数据库系统中可能会发生各种各样的故障。这些故障主要有 4 类，即事务故障、系统故障、介质故障和_____。

【解析】在数据库运行过程中可能发生的故障主要有 4 类：事务故障、系统故障、介质故障和计算机病毒。其中：事务故障是指事务在运行过程中由于种种原因，如操作系统或 DBMS 代码错误、操作员操作失误、突然停电等造成系统停止运行，致使所有正在运行的事务都以非正常方式终止，这时内存中数据缓冲区的信息全部丢失，但是存储在外部存储设备的数据未受影响；系统故障主要指计算机硬件系统发生了故障；介质故障是指系统在运行过程中，由于某种硬件故障如磁盘损坏、磁头碰撞或操作系统的某种潜在的错误、瞬时强磁场干扰等，存储在外存中的数据部分或全部丢失，这类故障比前两类故障发生的可能性小得多，但是破坏性却是最大的；计算机病毒是一种人为的故障或损坏，是一些具有破坏性、能自动复制自身的计算机程序。

[参考答案] 计算机病毒。

3．对数据对象施加封锁，可能会引起活锁和死锁。预防死锁通常有一次性封锁法和_____两种方法。

【解析】预防死锁的方法有一次性封锁法和顺序封锁法：一次性封锁法要求每个事务必须一次将所有要使用的数据全部加锁，否则就不能继续执行；顺序封锁法是预先对数据对象规定一个封锁顺序，所有事务都按照这个顺序封锁。

[参考答案] 顺序封锁法。

4．数据库管理系统 DBMS 对数据库运行的控制主要通过 4 个方面来实现，它们分别是数据的_____、数据的完整性、故障恢复和并发操作。

【解析】DBMS 提供了多方面的数据控制功能：数据安全性控制——防止不合法的使用造成数据的泄密和破坏，防止未被授权者非法存取数据库；数据完整性控制——指数据的正确性、有效性和相容性，完整性检查将数据控制在有效的范围内，或保证数据之间满足一定的关系；故障恢复——根据系统工作日志中记载的数据操作命令，逐步退回，使数据库从错误状态恢复到某一已知的正确状态，实现数据恢复；并发控制——DBMS 可通过"加锁""解锁"控制并发的进程以保证数据的正确性

[参考答案] 安全性。

5．在并发控制中，事务是_____的逻辑工作单位，是用户定义的一组操作序列，一个程序可以包含多个事务，事务是并发控制的基本单位。

【解析】事务是数据库的逻辑工作单位，是用户定义的一组操作序列。如在关系数据库中，一个事务可以是一组 SQL 语句、一条 SQL 语句或整个程序。通常情况下，一个应用程序包括多个事务。DBMS 的并发控制是以事务为单位进行的。

[参考答案] 数据库。

6．若数据库中只包含成功事务提交的结果，则此数据库就称为处于_____状态。

【解析】若数据库中只包含成功事务提交的结果，则称数据库处于一致状态。

[参考答案] 一致。

7．数据库恢复的基础是利用转储的冗余数据，这些转储的冗余数据指_____和_____。

【解析】数据库系统发生故障时，通常利用数据库的运行记录和后备副本进行恢复。

[参考答案] 日志文件、数据库后备副本。

8．数据库系统的一个明显特点是_____共享数据库资源，尤其是_____可以同时存取相同数据。

【解析】并发控制指的是当多个用户同时更新行时，用于保护数据库完整性的各种技术。并发控制的目的是保证一个用户的工作不会对另一个用户的工作产生不合理的影响。在某些情况下，这些措施保证了当用户和其它用户一起操作时，所得的结果和它单独操作时的结果是一样的。在另一些情况下，这表示用户的工作按预定的方式受其它用户的影响。

[参考答案] 多个用户，多个用户。

9．由于允许 CPU 和 I/O 操作并行执行，操作系统采用了多道程序设计技术，即允许多个程序_____，可提高 CPU 和设备的利用率。

【解析】由于允许 CPU 和 I/O 操作并行执行，操作系统采用了多道程序设计技术，因而允许多个程序并发执行。多个程序是"并发执行"而不是"并行执行"，它是指单 CPU 上的事务处理方式，即"宏观上并行，微观上串行"，只有在多 CPU 环境下，才能实现真正的"并行执行"。

[参考答案] 并发执行。

10．一种优秀的数据库应当提供优秀的服务质量，而数据库的服务质量首先应当是其所提供的数据质量。这种数据质量的要求充分体现为计算机界流行的一句话是_____，_____。

【解析】"垃圾进，垃圾出"（garbage in，garbage out），其含义是对于计算机系统而言，如果进去的是垃圾（不正确的数据），经过处理之后出来的还应当是垃圾（无用的结果）。如果一个数据库不能提供正确、可信的数据，那么它就失去了存在价值。因此，一般认为，数据质量主要有两个方面的内容：

● 能够及时、正确地反映现实世界的状态。
● 能够保持数据的前后一致性，即应当满足一定的数据完整性约束。

[参考答案] "垃圾进，垃圾出"。

5.2.3 问答题

1．数据库的完整性概念与数据库的安全性概念有什么区别和联系？

【解析】数据的完整性和安全性是两个不同的概念，但也有一定的联系。前者是为了防止数据库中存在不符合语义的数据，防止错误信息的输入和输出，即所谓垃圾进垃圾出所造成的无效操作和错误结果。后者是保护数据库防止恶意的破坏和非法的存取。换句话说，安全性措施的防范对象是非法用户和非法操作，完整性措施的防范对象是不合语义的数据。

2．什么是触发器？它有何功能特点？

【解析】触发器是数据库管理系统中使用较多的一种数据库完整性保护措施，是一种实施复杂的完整性约束的特殊存储过程，它在 SQL Server 进行某个特定的表修改时由 SQL Server 自动执行。

3．什么是事务？

【解析】事务是 DBMS 的基本工作单位，是用户定义的一组逻辑一致的程序序列，是一个不可分开的工作单位，其中包含的所有操作要么都执行，要么都不执行。

4．数据库在运行过程中可能产生的故障有哪几类？

【解析】数据库在运行过程中可能产生的故障主要有以下 4 类：

（1）事务故障：事务在运行过程中由于种种原因，如输入数据的错误、运算溢出、违反了某些完整性限制、某些应用程序的错误，以及并行事务发生死锁等，使事务未能运行到正常终止点之前就被撤销了，这种情况称为"事务故障"。

（2）系统故障：系统在运行过程中，由于某种原因，如 OS 和 DBMS 代码错误、操作员操作失误、特定类型的硬件错误（如 CPU 故障）、突然停电等造成系统停止运行，致使事务在执行过程中以非控方式终止。这时内存中的信息丢失，而存储在外存上的数据未受影响，这种情况称为"系统故障"。

（3）介质故障：系统在运行过程中，由于某种硬件故障，如磁盘损坏、磁头碰撞，或由于 OS 的某种潜在的错误、瞬时强磁场干扰，使存储在外存上的数据部分损失或全部损失，称之为"介质故障"。

（4）计算机病毒：是一种人为的故障和破坏，它是一种计算机程序。通过读写染有病毒的计算机系统中的程序和数据，这些病毒可以迅速繁殖和传播，危害计算机系统和数据库。

5．怎样进行介质故障的恢复？

【解析】发生介质故障时，磁盘上的物理数据库被破坏，这时的恢复操作分为以下几步：

① 重装转储后援副本，使数据库恢复到转储时的一致状态。

② 从故障开始，反向阅读日志文件，找出已提交事务标记作重做队列。

③ 从起始点开始正向阅读日志文件，根据重做队列的记录，重做所有已完成的事务，将数据库恢复至故障前某一时刻的一致状态。

6．数据库中为什么要有恢复子系统？它的功能是什么？

【解析】由于硬件的故障、系统软件和应用软件的错误、操作的失误以及恶意的破坏都是不可避免的，这些故障，轻则会造成运行事务非正常中断，影响数据库中数据的正确性，重则破坏数据库，使数据库中的数据部分丢失或全部丢失。为了保证各种故障发生后，数据库中的数据都能从错误状态恢复到某种逻辑一致状态，DBMS 中的恢复子系统是必不可少的。恢复子系统的功能就是利用冗余数据，再根据故障的类型采取相应的恢复措施，把数据库恢复到故障前的某一时刻的一致性状态。

7．为什么要设立日志文件？

【解析】设立日志文件的目的是为了记录对数据库中数据的每一次更新操作。从而 DBMS 可以根据日志文件进行事务故障的恢复和系统故障的恢复，并可结合后援副本进行介质故障的恢复。

8．数据库中产生死锁的原因是什么？怎样解决死锁问题？

【解析】封锁可以引起死锁。比如事务 T_1 封锁了数据 A，事务 T_2 封锁了数据 B。T_1 又申请封锁数据 B，但因 B 被 T_2 封锁，所以 T_1 只能等待。T_2 又申请封锁数据 A，但 A 已被 T_1 封锁，所以也处于等待状态。这样，T_1 和 T_2 处于相互等待状态而均不能结束，这就形成了死锁。解决死锁的常用方法有如下三种：

① 要求每个事务一次就将它所需要的数据全部加锁。

② 预先规定一个封锁顺序，所有的事务都要按这个顺序实行封锁。

③ 允许死锁发生，当死锁发生时，系统就选择一个处理死锁代价小的事务，将其撤销，释放此事务持有的所有锁，使其它事务能继续运行下去。

9．什么是数据库的并发控制？在数据库中为什么要有并发控制？

【解析】数据库是一个共享资源，它允许多个用户程序并行地存取数据库中的数据，但是如果系统对并行执行的操作不加以控制就会存取和存储不正确的数据，破坏数据库的完整性。并发控制的主要方法是采用封锁机制，封锁是事务 T 在对某个数据对象操作之前，先向系统发出请求对其加锁。基本的封锁类型有两种：排他锁（X 锁）和共享锁（S 锁）。所谓 X 锁，是事务 T 对数据 A 加上 X 锁时，只允许事务 T 读取和修改数据 A，其它任何事务都不能再对 A 加任何类型的锁，直到 T 释放 A 上的锁。所谓 S 锁，是事务 T 对数据 A 加上 S 锁时，其它事务只能再对数据 A 加 S 锁，而不能加 X 锁，直到 T 释放 A 上的 S 锁。

数据库是一个共享资源，它允许多个用户同时并行地存取数据。若系统对并行操作不加控制，就会存取和存储不正确的数据，破坏数据库的完整性（或称为一致性）。并发控制的目的，就是要以正确的方式调度并发操作，避免造成各种不一致性，使一个事务的执行不受另一个事务的干扰。

10．什么是数据库中数据的一致性级别？

【解析】在数据库的并发控制中，数据一致性级别的概念有三个：丢失修改、不能重复读和读"脏"数据。丢失修改是指 T_1 和 T_2 先后读取了同一个数据，T_1 把数据修改了并写回库中，T_2 也将读取的数据修改了并写回库中。这样，T_2 提交的结果导致 T_1 对数据库的修改丢失了。

不能重复读是指 T_1 读取 A、B 两个数据并进行了运算之后，T_2 读了其中的数据 B，把它修改后写回数据库，最后当 T_1 为了对读取值进行校对而再重读 B 时，读的是 T_2 修改后的值，而不是 T_1 开始读的值。

读"脏"数据是指 T_1 修改了某一数据，并将其写回库中，T_2 读了这个修改后的数据，而事务 T_1 由于某种原因被撤销了，被它修改的数据恢复了原来的值，这时 T_2 读的数据就与库中的数据不一致了，即 T_2 读了不正确的数据，也称为 T_2 读了"脏"数据。

5.2.4　应用题

1. 用 SQL Server 的 Create Table 语句定义以下两个关系模式，并用 SQL Server 系统的完整性机制进行设置。

教师(教师编号，教师姓名，性别，出生年月，部门编号，职称)

部门(部门编号，部门名称，主管)

【解析】
Create table 教师(
　　教师编号 char(6)not null primary key,
　　教师姓名 varchar(50)not null,
　　性别 char(2),
　　出生年月 datetime,
　　部门编号 char(4),
　　职称 varchar(10),
　　Constraint ck_性别 check(性别 in('男','女')),
　　Constraint fk_教师_部门 foreign key(部门编号)references 部门(部门编号))
Create Table 部门(
　　部门编号 char(4)not null primary key,
　　部门名称 varchar(50) not null,
　　主管 varchar(50))

2. 今有两个关系模式：

职工(职工号，姓名，年龄，职务，工资，部门号)

部门(部门号，名称，经理名，地址，电话)

请用 SQL 的授权和回收语句（加上视图机制）完成以下定义和存取控制功能：

（1）用户张三对职工表有查询权力。

（2）用户李四对职工表有插入和删除权力。

（3）用户王五对职工表有查询权力，对工资字段有更新的权力。

（4）用户赵六具有对两个表的查询、插入、删除数据的权力，并具有给其它用户授权的权力。

（5）用户钱七具有修改两个表的结构的权力。

（6）用户孙八具有从每个部门职工中查询最高工资、最低工资、平均工资的权力，但不能查看每个人的工资。

【解析】SQL 的授权和回收语句如下：

（1）GRANT SELECT ON 职工 TO 张三

（2）GRANT INSERT,DELETE ON 职工 TO 李四

（3）GRANT SELECT ON 职工 TO 王五
　　　 GRANT UPDATE(工资) ON 职工 TO 王五

（4）GRANT SELECT,INSERT,DELETE ON　职工,部门　TO　赵六

（5）GRANT ALTER ON　职工,部门 TO　钱七

（6）CREATE VIEW 职工_视图(部门号,最高工资,最低工资,平均工资)

　　　AS SELECT 部门号,MAX(工资),MIN(工资),AVG(工资)

　　　FROM 职工,部门

　　　WHERE 职工.部门号=部门.部门号

　　　CROUP BY 部门号

　　　　GRANT SELECT ON 职工_视图 TO 孙八

3．根据上题的每一种情况，撤销各用户被授予的权力。

4．创建触发器，只有数据库拥有者才可以修改成绩表中的成绩，其它用户对成绩表的插入、删除和修改操作必须记录下来。

【解析】①为了记录用户的操作轨迹，首先创建一张表，表结构如下：

```
CREATE TABLE TraceEmployee (
userid char(10)        NOT NULL,              /* 用户标识 */
operateDate datetime   NOT NULL,              /* 操作时间 */
operateType char(10)   NOT NULL,              /* 操作类型：插入/删除/更新 */
CONSTRAINT TraceEmployee PRIMARY KEY(userid,operateDate))
```

② 分别建立 3 个触发器，将用户的操作轨迹插入到审计表 TraceEmployee 中。

```
CREATE TRIGGER ScoreTracIns            /* 插入触发器 */
ON Score
FOR INSERT
AS
IF EXISTS(SELECT * FROM inserted)
INSERT INTO TraceEmployee VALUES(user,getdate(),'insert')
CREATE TRIGGER ScoreTracDel ON Score            /* 删除触发器 */
FOR DELETE
AS
IF EXISTS(SELECT * FROM deleted)
INSERT INTO TraceEmployee VALUES(user,getdate(),'delete')
CREATE TRIGGER ScoreTracUpt ON Score            /* 更新触发器 */
FOR UPDATE
AS
IF EXISTS(SELECT * FROM updated)
BEGIN
IF user!= 'dbo'                        /* 如果当前用户不是 dbo，则不允许修改 */
ROLLBACK
ELSE
INSERT INTO TraceEmployee VALUES(user,getdate(),'update')
END
```

在上面的触发器中使用了 user 常量，它是 SQL Server 中当前登录用户的用户标识。

〖问题点拨〗原则上并不限制一张表上定义的触发器的数量，但由于触发器是自动执行的，因此，如果为一张表建立了多个触发器，必然加大系统的开销。另外，如果触发器设计得不好，会带来不可预知的后果。因此，触发器常常用于维护复杂的完整性约束，而不用于业务处理，凡是可以用一般约束限制的，就不要使用触发器，例如限制性别仅取男和女，可以使用检查约束 CHECK 实现。用户的业务处理常常使用存储过程实现。

由于一张表可以有多个触发器，且同一类型的触发器也可以有多个，有的 DBMS 按照触发器建立的时间顺序进行触发，有的数据库管理系统按照触发器名字顺序进行触发。

§5.3 技能实训

本章包括 3 个实训项目：数据库的安全性、触发器和数据库的备份与恢复。这些项目是保护数据库管理系统的有效措施。

5.3.1 数据库的安全性

【实训背景】

数据库中的数据对于一个单位来说是非常重要的资源，数据的不慎丢失或泄露可能会带来严重的后果和巨大的损失，因此数据库安全是数据库管理中一个十分重要的方面。数据库安全性包括两个方面的含义，既要保证那些具有数据访问权限的用户能够登录到数据库服务器，并且能够访问数据以及对数据库对象实施各种权限范围内的操作；同时，还要防止所有的非授权用户的非法操作。SQL Server 2008 提供了既有效又容易的安全管理模式，这种安全管理模式是建立在安全身份验证和访问权限机制基础上的。SQL Server 2008 的安全性是建立在认证（Authentication）和访问许可（Permission）机制基础上的，SQL Server 2008 数据库系统的安全管理具有层次性，安全级别可分为三层。

第一层安全是 SQL Server 2008 服务器级别的安全性。该级别的安全性是建立在控制服务器的登录账号和密码基础上的，必须有正确的服务器账号和密码，才能连接上 SQL Server 2008 服务器。SQL Server 2008 提供了 Windows 账号登录和 SQL Server 账号登录两种方式。用户提供了正确的登录账号和密码连接到服务器之后，就获得相应的访问权限，可以执行相应的操作。SQL Server 事先设计了许多固定的服务器角色，用来为具有服务器管理员资格的用户分配使用权限，具有固定的服务器角色的用户可以拥有服务器级别的管理权限。

第二层安全是数据库级别的安全性。通过第一层安全检查之后，就要接受第二层安全检查，即是否具有访问某个数据库的权限。如果没有相应权限，访问会被拒绝。当创建服务器登录账号时，系统会提示选择默认的数据库，该账号在连接到服务器后，会自动转到默认的数据库上。默认情况下，Master 数据库是登录账号默认的数据库。由于 Master 数据库中有大量的系统信息，所以不建议把 Master 数据库设置为默认的数据库。

第三层安全是数据库级别的安全性。用户通过前两层的安全认证之后，在对具体的数据库对象（表、视图、存储过程等）进行操作时，将进行权限检查，用户想访问数据库里的对象，必须事先获得访问权限，否则，系统将拒绝访问。数据库对象的拥有者享有对该对象的全部权限。在创建数据库对象时，SQL Server 自动把该对象的所有权赋予该对象的创建者。SQL Server 登录账户有以下两种：

（1）Windows 授权用户：来自 Windows 的用户或组。

（2）SQL 授权用户：非 Windows 的用户。

类型不同的登录账户 SQL Server 为其提供不同的安全认证模式。

【实训目的】

（1）掌握在对象资源管理器中创建和管理登录账户和用户账户的方法。

（2）掌握利用系统存储过程创建和管理登录账户和用户账户的方法。

（3）掌握在对象资源管理器中创建和管理角色的方法。

（4）掌握利用系统存储过程创建和管理登录角色的方法。

【实训内容】

（1）利用 SQL Server Management Studio 创建账户、角色和权限分配。

（2）利用 T-SQL 语句创建账户、角色和权限分配。

【实训步骤】

1．利用 SQL Server Management Studio 创建账户、角色和权限分配

（1）启动 SQL Server Management Studio：在"对象资源管理器"窗口中，利用图形化的方法创建 SQL Server 身份验证模式登录，其中登录名称为自己的学号，验证用密码为 hnufe，默认数据库为 student，其它保持默认值，登录账户到 SQL。

若不是，则需要在系统中创建此用户账户，在 Windows XP 中创建用户账户的过程：执行"开始"→"控制面板"→"用户账户"→"创建一个新账户"，为新账户输入自己的学号，单击"下一步"按钮，选择账户类型为"计算机管理员"，单击"创建账户"按钮。

（2）启动 SQL Server Management Studio，在"对象资源管理器"窗口中，利用图形化的方法创建 Windows 身份验证模式登录，其中登录名称为 login_sl。

（3）启动 SQL Server Management Studio，在"对象资源管理器"窗口中，利用图形化的方法删除所创建的登录账户。

（4）启动 SQL Server Management Studio，在"对象资源管理器"窗口中，利用图形化的方法创建数据库角色，新角色名称为 role_s1。

（5）启动 SQL Server Management Studio，在"对象资源管理器"窗口中，利用图形化的方法删除数据库角色 role_s1。

（6）启动 SQL Server Management Studio，在"对象资源管理器"窗口中，利用图形化的方法创建数据库用户，新用户名称为 user_s1，其登录名为 login_s1。

2．利用 T-SQL 语句创建账户、角色和权限分配

（1）启动 SQL Server Management Studio，在 SQL 编辑器中，利用 T-SQL 语句 Create Login 创建登录，其中登录名称为 login_s2，密码为 hnufe，默认数据库为 student，其它保持默认值。

（2）启动 SQL Server Management Studio，在 SQL 编辑器中，利用 T-SQL 语句 Drop Login 删除所创建的登录账户 login_s2。

（3）启动 SQL Server Management Studio，在 SQL 编辑器中，利用 T-SQL 语句 Create Role 创建数据库角色 role_s2。

（4）启动 SQL Server Management Studio，在 SQL 编辑器中，利用 T-SQL 语句 Drop Role 删除所创建的登录账户 role_s2。

（5）启动 SQL Server Management Studio，在 SQL 编辑器中，利用 T-SQL 语句 Create User 命令创建数据库用户，新用户名称为 user_s2，其登录名为 login_s2。

3．权限设置

● 把查询课程信息表（CourseInfor）的权限授予用户 user_s1。

● 把查询课程信息表（CourseInfor）的权限授予所有用户。

● 把查询学生信息表（StudentInfor）和修改学生学号的权限授予用户 user_s2。

● 把对学生信息表（StudentInfor）的 INSERT 权限授予用户 user_s1，并允许将此权限再授予其他用户。

- 把在数据库 student 中建立表的权限授予用户 user_s1。
- 撤销用户 user_s2 修改学生学号的权限。

5.3.2　触发器

【实训背景】

触发器是一种特殊类型的存储过程，它定义在一个表上，实现指定功能的 SQL 语句序列。即在指定表中，当使用下面的一种或多种数据修改语句，如 UPDATE、INSERT 或 DELETE 来对数据进行修改时，触发器就会生效。

SQL Server 2008 支持 DML 触发器、DDL 触发器和登录触发器三种触发器。其中 DML 触发器分为插入触发器、更新触发器和删除触发器三种，当数据表执行插入、更新及删除操作时，触发器自动触发，执行预先设计好的语句块。合理使用触发器可以有效地检查数据有效性，保证数据库的完整性与一致性。

【实训目的】

（1）掌握在对象资源管理器中创建和管理触发器的方法。

（2）掌握利用 T-SQL 语句创建和管理触发器的方法。

【实训内容】

（1）利用对象资源管理器创建、修改和删除触发器。

（2）利用 T-SQL 语句创建、修改和删除触发器。

（3）验证触发器的执行效果。

【实训步骤】

1. 在 SQL Server Management Studio 中创建和管理触发器

（1）启动 SQL Server Management Studio：在"对象资源管理器"窗口中，利用图形化的方法创建触发器 tri_update_del，对于学生信息表（StudentInfor）和学生修课信息表（StudCourse）实现级联更新和级联删除。

（2）在学生信息表中，分别更新和删除一条记录，观察在学生成绩表中数据的变化。

（3）启动 SQL Server Management Studio，在"对象资源管理器"窗口中，利用图形化的方法删除触发器 tri_update_del。

2. 利用 T-SQL 语句创建、修改和删除触发器

（1）启动 SQL Server Management Studio，在 SQL 编辑器中，利用 T-SQL 语句 CREATE TRIGGER 命令创建触发器 tri_insert，当向学生修课信息表（StudCourse）中插入某个学生的某门课程的成绩的时候，检查该学生不及格的课程的数量是否已经达到 4 门，如果是，则把这个学生的信息插入到退学学生信息表（StudentInfor02）中，StudentInfor02 表的结构和 StudentInfor 表的结构相同，输入学生学号，输出学生不及格的课程数。

（2）启动 SQL Server Management Studio，在 SQL 编辑器中，利用 T-SQL 语句 DROP TRIGGER 命令删除触发器 tri_insert。

5.3.3　数据库备份和恢复

【实训背景】

任何数据库在使用的过程中都会存在安全隐患，对数据库管理系统来说，较完善的数据库备份与恢复机制是必不可少的。为了满足用户对数据安全性的要求，SQL Server 2008 提供了强大而简

单的数据库备份与恢复功能，用户可以根据需要设计自己的备份策略，以保护存储在 SQL Server 2008 数据库中的关键数据。

1. SOL Server 2008 的备份

SQL Server 2008 允许用户根据应用业务需求选择备份方式，以方便用户备份。数据库备份的内容主要包括系统数据库、用户数据库和事务日志。系统数据库记录了 SQL Server 系统配置参数、用户资料以及所有用户数据库等重要信息，系统数据库主要包括 master、msdb 和 model。SQL Server 2008 提供了 4 种数据库备份类型：完整数据库备份、差异数据备份、文件备份和文件组备份。

2. SQL Server 2008 的恢复

在数据库正常运行的过程中，一般都会进行数据库的备份操作，为数据库的恢复做准备。当数据库遇到不可避免的灾难时，就可以利用数据库的备份及时地进行数据库的恢复和还原操作。

"恢复模式"是 SQL Server 2008 数据库运行时，记录事务日志的模式。它控制事务记录在日志中的方式、事务日志是否需要备份以及允许的还原操作。实际上，"恢复模式"不仅决定了恢复的过程，还决定了备份的行为，它是 SQL Server 2008 数据库的一个重要属性，可以理解为 SQL Server 2008 数据库备份和恢复的方案，它约定了备份和恢复之间的关系。SQL Server 2008 数据库的"恢复模式"包含完整恢复模式、大容量日志恢复模式和简单恢复模式 3 种类型，其中不同的恢复模式在备份、恢复的方式和性能方面存在差异，对于避免数据损失的程度也不同。

【实训目的】

（1）理解备份与恢复数据库的意义。

（2）掌握在对象资源管理器中备份和恢复数据库的方法。

（3）掌握利用 T-SQL 语句备份和恢复数据库的方法。

【实训内容】

（1）在对象资源管理器中备份和恢复数据库。

（2）利用 T-SQL 语句备份和恢复数据库。

【实训步骤】

1. 在 SQL Server Management Studio 中备份和恢复数据库

（1）启动 SQL Server Management Studio，在"对象资源管理器"窗口中，利用图形化的方法对数据库 student 进行完整备份。

（2）启动 SQL Server Management Studio，在"对象资源管理器"窗口中，利用图形化的方法，针对（1）中的完整备份，对数据库 student 进行恢复。

2. 利用 T-SQL 语句备份和恢复数据库

（1）启动 SQL Server Management Studio，在 SQL 编辑器中，利用 T-SQL 语句 BACKUP 命令对数据库 student 进行完整备份。

（2）启动 SQL Server Management Studio，在 SQL 编辑器中，利用 T-SQL 语句 RESTORE 命令，针对（1）中的完整备份，对数据库 student 进行恢复。

§5.4　知识拓展——分布式数据库系统和并行数据库系统

计算机及其网络技术的飞速发展和广泛应用，极大地加快了社会信息化建设的进程，给信息处理和信息管理带来了前所未有的繁荣和辉煌。基于计算机和网络技术的数据库系统如雨后春笋，在集中式数据库系统成熟技术的基础上，形成、产生了适应各种应用需求的数据库系统。例如，将计算机网络技术与数据库技术相结合，形成了分布式数据库系统；把计算机的并行处理技术与关系数据库的可并行性操作结合在一起，形成了并行数据库系统。分布式数据库系统和并行数据库系统都是利用网络连接各个数据库结点，使整个网络的所有结点构成逻辑上统一的整体。本节介绍分布式数据库系统、并行数据库系统，以及分布式数据库系统与并行数据库系统之间的区别。

5.4.1　分布式数据库系统

20 世纪 70 年代以来，在网络通信的飞速发展和集中式数据库系统的基础上，由于对地理分散的数据的共享和访问的需要，产生并发展了分布式数据库系统（Distributed Data Base System，DDBS）。DDBS 是数据库技术和网络通信技术不断发展和有机结合的产物，伴随着计算机局域网络和 Internet 技术的迅速发展，DDBS 已经发展得相当成熟，推出了很多实用化的系统。在信息处理和信息管理领域得到广泛应用。

1．分布式数据库系统的概念

分布式数据库系统是相对集中式数据库系统而言的。所谓集中式数据库系统，我们可以将其理解为数据库系统的所有成分都是驻留在一台计算机内的，数据库系统的所有工作都是在一台计算机上完成的。20 世纪 80 年代以来，随着计算机网络技术的迅猛发展和不断完善，使分散在不同地点的数据库系统能够实行互联，于是一些数据库系统开始从集中式走向分布式。

什么是分布式数据库系统呢？一个比较全面、客观、确切，并得到普遍认可的定义是：分布式数据库系统是利用通信网络将数据分布在由计算机网络相连的不同结点的计算机中，其中每一个结点都有自治处理（独立处理）能力并能完成局部应用，而每一结点并不是互不相关，它们在分布式数据库管理系统作用下，也参加全局应用程序的执行，该全局应用程序可通过通信网络系统存取若干结点的数据。概括地说，是数据分布、局部自治、全局参与。

2．分布式数据库系统的构成

分布式数据库是由一组数据库组成的，它们分散在计算机网络的不同计算机上，网络中的每个结点具有独立处理的能力，它可以执行局部应用，同时也可以通过网络通信系统执行全局应用。

（1）分布式数据库系统的逻辑结构：分布式数据库系统的本质在于分布式数据库系统中的数据在物理上是分散的，而在逻辑上却是统一的。对用户来说，一个分布式数据库系统看起来就像一个集中式数据库系统一样，用户可以在任何站点执行全局应用。分布式数据库系统的逻辑构成如图 5-1 所示。

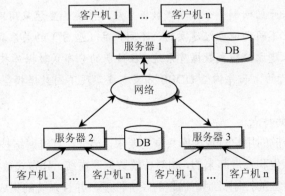

图 5-1　分布式数据库系统的逻辑构成

图 5-1 所示的分布式系统中，不必每个站点都设置自己的数据库。例如服务器 3 就没有自己的

数据库。在这个系统中，三台服务器通过网络相连，每个服务器都有若干个客户机，用户可以通过每台客户机对本地服务器的数据库执行局部应用，也可以对两个或两个以上的服务器执行全局应用，这样的系统就是分布式数据库系统。

【问题点拨】若几个集中式数据库通过网络连接，并不是分布式数据库。区分一个系统是若干个集中式数据库的简单连网还是分布式数据库系统的关键在于，系统是否支持全局应用。

（2）分布式数据库系统的组成：分布式数据库系统由硬件系统、软件系统和数据库人员组成。

① 多台计算机设备，并由计算机网络连接。

② 计算机网络设备和网络通信的一组软件。

③ 分布式数据库管理系统，包括 GDBMS、LDBMS、CM，除了具有全局用户接口（由 GDBMS 链接）外，还可能具有自治场地用户接口（由场地 DBMS 链接），并持有独立的场地目录/辞典。

④ 分布式数据库（DDB）：包括全局数据库（GDB）和局部数据库（LDB）。

⑤ 分布式数据库管理员。分为两级，一级为全局数据库管理员（GDBA），另一级为局部或自治场地数据库管理员，统称为局部数据库管理员（LDBA）。

（3）分布式数据库系统的分类：在分布式数据库系统中，各个场地所用的计算机类型、操作系统和 DBMS 可能是不同的，各个结点计算机之间的通信是通过计算机网络软件实现的，所以对分布式数据库系统分类的主要考虑因素是局部场地的 DBMS 和数据模型。根据构成各个局部数据库的 DBMS 及其数据，可将分布式数据库系统分为三类：同构（Homogeneous）同质型 DDBS，同构异质型 DDBS 和异构（Heterogeneous）型 DDBS。

① 同构同质型 DDBS。指各个场地都采用同一类型的数据模型（例如，都采用关系模型），并且都采用同一型号的数据库管理系统。

② 同构异质型 DDBS。指各个场地都采用同一类型的数据模型，但采用了不同型号的数据库管理系统。在同构分布式数据库中，所有的站点都使用共同的数据库管理系统，它们之间彼此熟悉，合作处理客户的需求。在这样的系统中，每个站点都无法独自更改模式或数据库管理系统。为了使涉及多个站点的事务顺利进行，数据库管理系统还必须和其它站点合作来交换事务的信息。

③ 异构型 DDBS。指各个场地采用了不同类型的数据模型，显然也就采用了不同类型的数据库管理系统。在异构分布式数据库中，不同的站点有不同的模式和不同的数据库管理系统。站点之间可能彼此并不熟悉，在事务处理过程中，它们仅仅提供有限的功能。模式的差别是查询处理中最难解决的问题，软件的差别则成为了全局应用的障碍。

【问题点拨】如果从头开始研制一个分布式数据库应用系统，显然采用同构同质型 DDBS 方案是比较方便的。如果是把不同场地已经建立的、不同产品（型号）的关系数据库系统结合起来，通过建立全局视图等措施来建立分布式数据库系统，在目前的分布式数据库技术支持下，采用同构异质型 DDBS 方案也是可行的。而异构型 DDBS 方案需要实现不同数据模型之间的转换，实现起来比前两种方案要复杂得多。

3. 分布式数据库系统的特点

DDBS 是随着地理上分散的用户对数据库共享的要求，结合计算机网络技术的发展，在传统的集中式数据库系统基础上产生和发展起来的，相对传统数据库系统，分布式数据库系统具有灵活的体系结构、适用于分布式管理的控制机制，优越的经济性能，并且系统的集成度高、可扩展性好。具体说，DDBS 具有如下特点。

（1）数据的物理分布性：数据库中的数据不是集中存储在一个场地的一台计算机上，而是分布在不同场地的多台计算机上，它不同于通过计算机网络共享的集中式数据库系统。

（2）数据的逻辑整体性：数据库虽然在物理上是分布的，但这些数据并不是互不相关的，它们在逻辑上是相互联系的整体，不同于通过计算机网络互连的多个独立的数据库系统。

（3）数据的分布独立性：分布式数据库中除了数据的物理独立性和数据的逻辑独立性外，还有数据的分布独立性（也称分布透明性）。即在用户看来，整个数据库仍然是一个集中的数据库，用户不必关心数据的分片，不必关心数据物理位置分布的细节，不必关心数据副本的一致性，分布的实现完全由分布式数据库管理系统来完成。

（4）场地自治和协调：系统中的每个结点都具有独立性，能执行局部的应用请求；每个结点又是整个系统的一部分，可通过网络处理全局的应用请求。

（5）数据的冗余及冗余透明性：与集中式数据库不同，分布式数据库中应存在适当冗余以适合分布处理的特点，提高系统处理效率和可靠性。因此，数据复制技术是分布式数据库的重要技术。但分布式数据库中的这种数据冗余对用户是透明的，即用户不必知道冗余数据的存在，维护各副本的一致性也由系统来负责。

4. 分布式数据库系统的目标

分布式数据库系统的早期成果是美国一些公司率先研制的同构型分布式数据库系统原型系统。这些原型系统为数据分割、分布透明、分布式查询优化、分布式事务管理、分布式并发控制等关键技术的实现提供了理论和实践基础。20 世纪 80 年代初期，由于实际应用需求的驱动，一些异构分布式数据库系统原型相继研制成功，并提出了开放式体系结构，发展了数据复制技术，解决了不同数据模式的集成、传统数据模型及并发控制策略的低效等问题。1987 年，关系数据库的先驱之一 C.J.Data 提出了完全分布式数据库系统的理想目标，即应遵循以下 12 条规则：

（1）场地自治性：各结点上的数据库具有自治性，即本结点管理本结点的数据，与其它结点无关。

（2）非集中式管理：各个子结点不依赖于控制结点，没有比别的结点更重要的数据库管理系统结点。

（3）高可用性：分布式数据库中各结点物理库的变动对应用的影响应尽可能得少。

（4）位置独立性：用户和程序都不需要知道数据的位置。

（5）数据分割独立性：被分割的表对用户和程序都视为单一的表。

（6）数据复制独立性：数据的复制将被透明地处理。

（7）优化的分布式查询处理。

（8）可进行分布式事务管理：在并发控制管理下按规定顺序对多结点数据事务进行修改。

（9）具有硬件的独立性。分布式数据库可在不同种类硬件的机器上运行，各种机器均可作为单一的伙伴参加。

（10）具有操作系统独立性：分布式数据库能在不同种类的操作系统上运行。

（11）具有网络独立性：分布式数据库可在不同种类的网络上工作。

（12）数据库管理系统独立性：分布式数据库能在不同种类而有相同接口的 DBMS 上工作。

当前，分布式数据库技术正循此轨迹不断发展和完善，并有待从事数据库技术研究的学者和技术人员进一步深入研究，争取得到更好的应用。

5. 分布式数据库系统的体系结构

分布式数据库是多层模式结构，层次的划分尚无统一标准，国内业界一般把分布式数据库系统的模式结构划分为 4 层：全局外层（全局外模式）、全局概念层（全局概念模式、分片模式、分配模式）、局部概念层（局部概念模式）和局部内层（局部内模式）。在各层间还有相应的层次映射。分布式数据库系统的体系结构如图 5-2 所示。

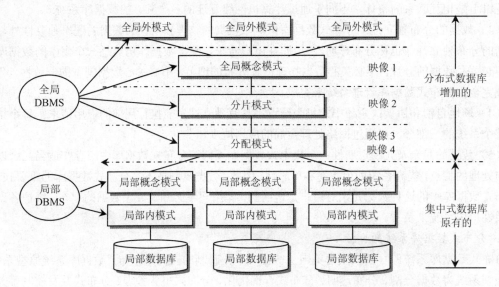

图 5-2　分布式数据库系统体系结构示意图

图 5-2 是分布式数据库系统的参考体系结构，并不是所有的系统都具有这种结构，但是这种结构层次清晰，可以概括和说明系统的概念和功能，它对于理解一个分布式数据库的组织结构是十分有益的。

图 5-2 所示体系结构从整体上分成两大部分：上半部分是 DDBS 增加的模式级别，是分布式数据库所独有的部分，分为 4 级。下半部分是集中式数据库原有的体系结构，其中每个局部映射模式相对于集中式数据库来说就是逻辑模式，每个局部内模式相对于集中式数据库来说就是内模式。如果不考虑上半部分虚线框内的内容，再加上最上面的用户视图（尽管图 5-2 的用户视图与集中式数据库中的用户视图有所不同，是全局外模式）就构成了集中式数据库的 3 级体系结构。

（1）全局外模式：是全局应用的用户视图，是全局概念模式的一个子集。一个分布式数据库可具有多个全局外模式。

（2）全局概念模式（Global Conceptual Schema）：类似于集中式数据库的概念模式，它用一组全局关系定义分布式数据库系统中的全体数据的逻辑结构，是整个分布式数据库的所有全局关系的描述。全局概念模式与全局外模式的区别在于：全局概念模式提供分布式系统中数据的物理独立性，而全局外模式提供数据的逻辑独立性。

（3）分片模式（Fragmentation Schema）：每一个全局关系可以分割成若干个非重叠（互不相交）的部分，称为片段，也即数据分片。分片是全局关系的逻辑划分，在物理上它位于网络的若干结点上。分片模式用于定义全局关系与片段之间的映射，这种映射是一对多的关系，即一个全局关系对应多个片段，但一个片段只对应一个全局关系。

（4）分配模式（Allocation Schema）：描述局部逻辑的物理结构，是划分后的片段的物理分配视图。分配模式根据应用需求和分配策略，定义片段的存放场地。当一个片段被分配到多个场地上时，称该分配是冗余的，对应于该分配的映射为一对多映射；当一个片段仅被分配到一个场地上时，称该分配是非冗余的，对应于该分配的映射为一对一映射。

（5）局部概念模式：是全局概念模式被分段和分配在局部场地上的局部概念模式及其映像的

定义，是全局概念模式的子集。当全局数据模型与局部数据模型不同时，局部概念模式还应包括数据模型转换的描述。如果 DDBS 除支持全局应用外还支持局部应用，则局部概念模式层应包括由局部 DBA 定义的局部外模式和局部概念模式，通常有别于全局概念模式的子集。

（6）局部内模式：是 DDBS 中关于物理数据库的描述。

（7）映像：上述各层模式之间的联系和转换是由各层模式间的映像实现的。在分布式数据库系统中除保留集中式数据库中的局部外部模式/局部概念模式映像、局部概念模式/局部内部模式映像外，还包括下列 4 种映像。

① 映像 1。定义全局外模式与全局概念模式之间的对应关系。当全局概念模式改变时，只需由 DBA 修改该映像，而全局外模式可以保持不变。

② 映像 2。定义全局概念模式和分片模式之间的对应关系。由于一个全局关系可对应多个片段，因此该映像是一对多的。

③ 映像 3。定义分片模式与分配模式之间的对应关系，即定义片段与场地之间的对应关系。

④ 映像 4。定义分配模式和局部概念模式之间的对应关系，即定义存储在局部场地的全局关系或其片段与各局部概念模式之间的对应关系。

分布式数据库系统中增加的这些模式和映像，使分布式数据库系统具有了分布透明性。

6. 分布式数据库系统的应用

目前，分布式数据库系统广泛应用于类似于银行业务的数据库系统。假设一个银行系统由三个分布在不同城市的支行系统组成。每个支行是这个系统中的一个结点，它存放其所在城市的所有账户的数据库，而各个支行之间通过网络连接可以互相进行通信，组成一个整体的银行系统。当用户只存取当地账户的现金时，这时只是一个局部事务，由当地的支行系统独立解决，如图 5-3（a）所示。当用户需要进行异地存取时，就成为一个全局事务，需要各个结点进行通信来解决。例如用户在乙城市开了账户并存了 1000 元钱，则此用户的账户存放在乙城市计算机的数据库中。当此用户在甲城市取钱时，甲城市的计算机就要将这一全局事务通过各个结点的通信来进行处理，如图 5-3（b）所示。

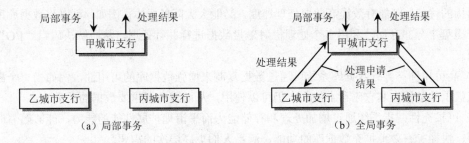

（a）局部事务　　　　　　　　　　（b）全局事务

图 5-3　局部事务和全局事务的处理

7. 分布式数据库系统存在的问题及发展展望

分布式数据库始于 20 世纪 70 年代，繁荣于 80 年代，在 90 年代分布式数据库更以其在分布性和开放性方面的优势重获青睐，其应用领域已不再局限于在线事务处理（OLTV）应用，从分布式计算、Internet 应用、数据仓库到高效的数据复制都可以看到分布式数据库系统应用的"索引"。

然而，虽然分布式数据库的理论已经研究成熟，但实际应用时，特别是在复杂情况下的效率、可用性、安全性、一致性等问题并不容易真正解决。1987 年，关系数据库的最早设计者之一 C.J.Data 提出了完全的分布式数据库系统应遵循的 12 条规则。并作为分布式数据库系统的标准定义。

目前，真正能够满足这 12 条规则的分布式数据库系统，特别是实现完全分布透明性的商用系统还很难见到，还有很多问题需要研究解决。根据目前网络和数据库技术现状，为了解决和减轻分布式数据库系统的技术难度，基于客户－服务器结构的协作式分布式数据库系统得到迅速发展。

随着新的应用领域的不断涌现，如办公自动化（Office Automation，OA）、计算机辅助设计（CAD）、计算机辅助制造（CAM）、计算机集成制造（CIMS），计算机辅助测试（CAT）、计算机辅助教学（CAI），以及计算机相关学科与数据库技术的有机结合，使分布式数据库系统必须向面向对象分布式数据库系统、分布式智能库等广阔的领域发展。多数据库系统技术、移动数据库技术、Web 数据库系统技术等，正在成为分布式数据库的新研究领域。

5.4.2　并行数据库系统

在数据库技术发展的过程中，如何提高数据库的处理能力，一直是数据库研究者探索的课题。直到并行技术的出现，才为这一研究课题带来了曙光。并行数据库系统是在并行机上运行的具有并行处理能力的数据库系统，是并行技术和数据库技术相结合的产物，是当今研究热点之一。

1. 并行数据库系统的基本概念

并行数据库系统是随着并行计算机系统的发展和普及而逐渐发展起来的，是数据库技术与并行计算机技术相结合的产物。在关系数据模型中，数据库是元组的集合，数据库操作实际上就是集合操作，许多情况下可以分解为一系列对子集的操作，许多子操作不具有数据相关性，因而具有潜在的并行性。因此，并行数据库系统一方面利用多处理机并行处理产生的规模效益来提高系统的整体性能；另一方面，利用关系数据模型本身所具有的并行可行性，尽可能地并行执行所有的数据库操作，从而在整体上提高数据库系统的性能。

2. 并行数据库系统的目标

并行数据库系统试图利用通用并行计算机的处理机、关系数据库模型潜在的并行性、磁盘等硬件设备的并行数据处理能力来提高数据库系统的性能，并力求实现以下目标。

（1）高性能：并行数据库系统通过将数据库管理技术与并行处理技术有机结合，充分发挥多处理机结构的优势，既能有效提高数据处理速度，又能大大降低成本。例如，可以将数据库所存信息在多个磁盘上分布存储，利用多个处理机对磁盘数据进行并行处理，从而解决磁盘"I/O"、"瓶颈"问题。

（2）高可用性：并行数据库系统可通过数据复制来增强数据库的可用性，例如当一个磁盘损坏时，该盘上的数据在其它磁盘上的副本仍可以使用，从而避免了重要数据的丢失。

（3）可扩充性：指系统通过增加处理和存储能力而平滑地扩展性能的能力，能够随着时代进步，方便、快捷、有效地扩充数据库的功能，满足人们更高层次的需要。

3. 并行数据库系统的结构

并行数据库系统实现的方案多种多样，根据处理机与磁盘、内存的相互关系可以将并行计算机结构归纳为 3 种基本类型，即共享内存结构、共享磁盘结构和无共享资源结构。

（1）共享内存（Shared-Memory，SM）结构，又称 Shared-Everything 结构。SM 结构由多个处理机、一个全局共享的内存（主存储器）和多个磁盘存储器构成，如图 5-4 所示。

多个处理机和共享内存由高速通信网络连接，访问共享内存模块或任意磁盘单元，即内存与磁盘为所有处理机共享。这种结构的主要优点体现在以下 4 个方面：

① 数据库中的数据存储在多个磁盘存储上，并可以为所有处理机访问。

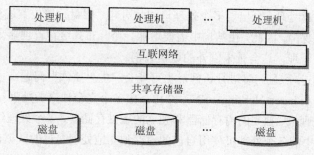

图 5-4　共享内存结构

　　② 提供多个数据库服务的处理机通过全局共享内存来交换消息和数据，通信效率很高，查询间并行性的实现不需要额外的开销，查询内并行性的实现也不困难。

　　③ 在数据库软件的编制方面与单处理机的情形区别也不大。

　　④ 由于使用了共享的内存，所以可以基于系统的实际负荷来动态地给系统的各个处理机分配任务，从而可以很好地实现负荷均衡。

　　但这种结构也存在一些不足，主要缺点体现在以下 3 个方面：

　　① 硬件资源之间的互连比较复杂，硬件成本较高。

　　② 由于多个处理机共享一个内存，系统中的处理机数量的增加会导致严重的内存争用，因此系统中处理机的数量受到限制，系统的可扩充性较差。

　　③ 由于共享内存的设计，共享内存的任何错误将影响到系统中的全部处理机，使得系统的可用性表现得也不是很好。

　　（2）共享磁盘（Shared-Disk，SD）结构由多个具有独立内存的处理机和多个磁盘存储构成，每个处理机都可以读写全部的磁盘存储器，各处理机相互之间没有任何直接的数据交换，多个处理机和磁盘存储器由高速通信网络连接，如图 5-5 所示。

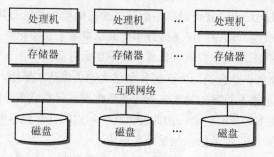

图 5-5　共享磁盘结构

　　共享磁盘结构是共享磁盘的松耦合群集机硬件平台上最优的并行数据库结构。这种结构的主要优点体现在以下 3 个方面：

　　① 可以使用标准总线互连，因而成本较共享内存结构低。

　　② 采用共享磁盘结构，每个处理机都有自己的私有内存，因而消除了内存访问"瓶颈"，结点能扩展到数百个，可扩展性较好。

　　③ 可以很方便地从单处理机系统迁移，并能够在多个处理机之间实现负载均衡，可用性强。

　　但这种结构也存在一些不足，主要缺点体现在以下 2 个方面：

　　① 系统中的每一个处理机可以访问全部的磁盘存储，磁盘存储中的数据被复制到各个处理机

各自的高速缓冲区中进行处理，会出现多个处理机同时对同一磁盘存储位置进行访问和修改，最终导致数据的一致性无法保障。因此，在结构中需要增加一个分布式缓存管理器来对各个处理机的并发访问进行全局控制与管理，这会带来额外的通信开销。

② 多个处理机对共享磁盘同时进行访问，也可能会产生"瓶颈"问题。

（3）无共享资源（Shared-Nothing，SN）结构：由多个完全独立的处理结点构成，每个处理结点具有自己独立的处理机、独立的内存储器和独立的磁盘存储器，多个处理结点在处理机级由高速通信网络连接，系统中的各个处理机使用自己的内存独立地处理自己的数据，并在自己的磁盘存储器上进行数据存取，如图 5-6 所示。

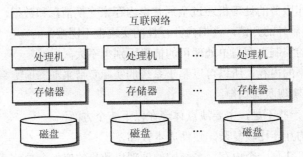

图 5-6　共享磁盘结构级

无共享结构是大规模并行处理（MPP）和群集机（SMP）硬件平台上最优的并行数据库结构，是复杂查询和超大规模数据库应用的优选结构。这种结构的主要优点体现在以下 4 个方面：

① 可以使用标准总线互连，因而成本较低。

② 由于每个处理机使用自己的资源处理自己的数据，不存在内存和磁盘的争用，因而消除了内存和磁盘同时访问的"瓶颈"问题，使整体性能得到提高。

③ 可在多个结点上复制数据，可用性较高。

④ 只需增加额外的处理结点，就可以以接近线性的比例增加系统的处理能力，结点数目可达数千个，具有优良的可扩展性。同时，可通过最小化共享资源来最小化资源竞争带来的系统干扰。

但这种结构也存在一些不足，主要缺点体现在以下 2 个方面：

① 由于数据是各个处理机私有的，为保证各个结点的负载基本平衡，系统中数据的分布需要特殊处理，而现实往往只是根据数据的物理位置而非系统的实际负载来分配任务。

② 由于数据分布在各个处理结点上，因此使用这种结构的并行数据库系统，在加入新结点时不可避免地会导致数据在整个系统范围内的重分布问题。

综上所述，共享内存结构的主要优点是设计简单、负载均衡；共享资源结构的主要优点是可扩充性与可用性好；无共享资源结构的主要优点是可扩展性好。

4．并行数据库系统的特点

将并行技术和分布技术应用于数据库管理系统在提高性能方面有以下几个突出的特点。

（1）增强可用性：当系统中某个结点的系统崩溃时，不影响系统中其它结点的正常运行，并可以继续使用崩溃结点存储于其它结点上的副本，从而保证了数据的可用行。

（2）数据的分布访问：很多大型企业的数据可以分布于若干个不同的城市甚至不同的国家，进行数据分析和处理时有可能需要访问存储于不同地点的数据，通常可以在访问模式中得到数据存储的局部性，例如公司的总经理可以查询某个分公司的客户信息，这种局部性可以用于分布数据。

（3）分布数据的分析：企业往往需要分析所有可能有用的数据，但随着数据量的增大，这些数据不可能集中地存储于某一个地点，往往是分散存储于不同的地点和不同的数据库系统中。这就需要支持数据的综合访问。

5.4.3　分布式数据库系统与并行数据库系统的区别

分布式数据库系统和并行数据库系统（特别是无共享结构的并行数据库系统）有很多相似点：例如都是利用网络连接各个数据库结点，整个网络的所有结点构成逻辑上统一的整体等。但是分布式数据库系统和并行数据库系统有很大的不同，主要表现在以下几点：

1. 应用目的不同

并行数据库系统充分发挥了并行计算机的优势，利用系统中各个结点并行地完成数据库任务，从而提高了数据库系统的整体性能。分布式数据库系统的目的在于实现结点自治和数据的全局透明共享，而不是利用网络中的结点来提高系统的处理能力。

2. 网络连接实现的方法不同

并行数据库系统采用高速网络将各个结点连接起来，实现结点间数据的高速传输，传输速率可达到 100Mb/s，通过平衡负载和并行操作提高系统性能，通信代价低。分布式数据库系统采用局域网或广域网连接，网络传输速率较低，通信代价较高。

3. 网络中结点的地位不同

并行数据库系统中各个结点不是独立的，必须在数据处理中协同作用才能实现系统功能，因而不存在全局应用和局部应用的概念。分布式数据库系统更加强调结点的自治性，每个结点都有独立的数据库系统，既可以通过网络协同完成全局应用，也可以独立完成局部应用。

第6章　关系模式规范化设计

【问题描述】关系数据库模型最重要的特点之一是具有坚实的数学基础，这使人们可以很方便地利用关系模型对数据库技术中的种种问题进行形式化的讨论，从而形成了关系数据库理论。关系数据库理论包括两方面内容：其一是关系数据库的模式设计——数据依赖与关系规范化理论；其二是关系数据库查询的实现与优化（已在第2章作了介绍）。这里，主要讨论的是关系模式规范化理论。

【辅导内容】给出本章的学习目标、学习方法、学习重点、学习要求、关联知识，以及相关概念的区分。然后，给出本章的习题解析、技能实训，以及知识拓展（数据仓库和数据挖掘）。

【能力要求】通过学习引导，掌握本章的知识要点；通过习题解析，深入理解和掌握关系模式规范化设计的基本理论知识；通过技能实训，理解函数依赖的概念，掌握关系模式分解的基本方法；通过知识拓展，了解数据仓库及数据挖掘技术。

§6.1　学习引导

关系模式规范化设计包括：关系模式规范化、关系模式的函数依赖、函数依赖的公理体系、关系模式的分解和关系模式的范式。关系数据库的模式设计主要是设计关系模式，而深入理解函数依赖和键码的概念则是设计和分解关系模式的基础。

6.1.1　学习导航

1. 学习目标

本章从如何构造一个好的关系模式这一问题出发，逐步深入介绍基于函数依赖的关系数据库规范化理论和方法，包括函数依赖定义、函数依赖集理论、范式定义及分解算法等。本章的学习目标：一是熟练掌握函数依赖和关系数据库各种范式的基本概念和定义，二是能运用基本函数依赖理论对关系模式逐步求精，以满足最终应用需求。

2. 学习方法

本章的理论性较强，首先要正确理解函数依赖的概念，它属于语义范畴，只能根据现实世界中数据的语义来确定；其次要结合实例，深入理解部分依赖和传递依赖带来的关系模式异常问题。因此，要多练习，在函数依赖理论指导下对给定关系模式进行范式分解，从而巩固所学知识。

3. 学习重点

本章的重点是：关系模式规范化、关系模式的函数依赖、函数依赖的公理体系、关系模式的分解和关系模式的范式。这些内容既是本章的教学重点，也是学习的难点。

4. 学习要求

关系模式规范化设计理论性很强，概念抽象。通过本章学习，要求了解数据冗余和更新异常产生的根源；理解关系模式规范化的途径；准确理解第一范式、第二范式、第三范式和BC范式的含义、联系与区别；深入理解模式分解的原则；熟练掌握模式分解的方法，能正确而熟练地将一个关系模式分解成属于第三范式或BC范式的模式；了解多值依赖和第四范式的概念，掌握把关系模式分解成属于第四范式的模式的方法。

5. 关联知识

关系模式设计的好坏，直接影响到数据冗余度和数据的一致性问题，指导规范数据库模式设计的理论基础是规范化理论。

关系数据库理论是数据库语义的重要内容，它借助于近代数学工具，提出了一套完整严密的理论和算法，巧妙地将抽象的数据理论和具体的实际问题结合起来，有效地解决了如何设计一个好的数据库模式的问题。

关系设计理论不仅是关系数据库设计的基础，也是其它模型的数据库设计基础，关系数据库的理论基础是数据依赖。

6.1.2 相关概念的区分

关系模式规范化设计是数据库技术中的重要内容，也是理论性很强，难以理解和掌握的内容。在本章学习过程中，应注意以下概念的区分。

1. 多值依赖与函数依赖关系

多值依赖的有效性与属性集的范围有关。若 $X \rightarrow \rightarrow Y$ 在 U 上成立，则在 $W(XY \subseteq W \subseteq U)$ 上一定成立；反之则不然，即 $X \rightarrow \rightarrow Y$ 在 $W(W \subset U)$ 上成立，在 U 上并不一定成立。因为多值依赖的定义中不仅涉及属性组 X 和 Y，而且涉及 U 中其余属性 Z。

一般地，在 R(U) 上若有 $X \rightarrow \rightarrow Y$ 在 $W(W \subset U)$ 上成立，则称 $X \rightarrow \rightarrow Y$ 为 R(U) 的嵌入型多值依赖。但是在关系模式 R(U) 中，函数依赖 $X \rightarrow Y$ 的有效性仅决定于 X、Y 这两个属性集的值，只要在 R(U) 的任何一个关系 r 中，元组在 X、Y 的值满足函数依赖定义，则函数依赖 $X \rightarrow Y$ 在任何属性集 $W(XY \subseteq W \subseteq U)$ 上成立。

若函数依赖 $X \rightarrow Y$ 在 R(U) 成立，则对于任何 $Y' \subset Y$ 均有 $X \rightarrow Y'$ 成立。而多值依赖 $X \rightarrow \rightarrow Y$ 若在 R(U) 上成立，却不能断言对于任何 $Y' \subset Y$ 均有 $X \rightarrow \rightarrow Y'$ 成立。

2. 函数依赖与候选键的关系

函数依赖是指关系模式 R 中的所有元组都必须满足的约束条件，而不是关系中某些元组必须满足的约束条件。函数依赖是语义范畴的概念，只能根据语义来确定一个函数依赖关系，例如"姓名→部门"这个函数依赖只有在一个单位中没有同姓名的情况下才能确立。如果有同姓名的人，则部门就不是函数依赖于姓名。此时，可以做一些规定，不允许同姓名的记录出现，使函数依赖"姓名→部门"成立。

键是关系模型中一个重要的概念，它可以唯一地标识一个实体的属性。有了函数依赖的概念，便可以把键和函数依赖联系起来，即用函数依赖的概念来定义键。函数依赖中最重要的键是候选键和外键。

设 K 为 R(U，F) 中的一个或一组属性，若 $K \rightarrow U$，则 K 为候选键；若候选键多于一个，选定其中一个作为主键，其余则为候补键；如果某个关系 R 中的属性或属性组 K 是另一关系 S 的主键，但不是本身的键，则称这个属性或属性组 K 为此关系 R 的外键。

在判定一个关系的范式级别时，首先就是找关系的候选键，通过推理规则推出一个和几个属性能决定关系中的其它所有属性，那么，这一个属性或这一组属性就是候选键。此外，也可以通过求属性集闭包得到关系 R 的候选键。包含在任何一个候选键中的属性称为主属性，不包含在任何一个候选键中的属性称为非主属性。如果整个属性组是一个候选键则称为全键，全键关系属于 BC 范式。

3. 3NF 与 BCNF 的区别

部分函数依赖和传递函数依赖是产生存储异常的两个重要原因，3NF 消除了大部分存储异常，会使数据库具有较好的性能。2NF 和 3NF 都是对非主属性的函数依赖提出的限定，并没有要求消除主属性对候选关键字的传递依赖。如果符合 3NF 的关系模式仍然可能发生存储异常现象，是因为关系中可能存在由主属性对候选键的部分和传递函数依赖所引起的。针对这个问题，R.F.Boyee 和 E.F.Codd 两人提出了 3NF 的改进形式 BC 范式（Boyee-Codd Normal Form，BCNF）。

3NF 和 BCNF 是在函数依赖的条件下对模式分解所能达到的分离程度的测度，如果一个关系数据库中的所有关系模式都属于 BCNF，那么在函数依赖范畴内它已实现了模式的彻底分解，已消除了插入和删除的异常，达到了最高的规范化程度。3NF 的"不彻底"性就表现在可能存在主属性对候选键的部分函数依赖或传递函数依赖。

建立在函数依赖概念基础之上的 3NF 和 BCNF 是两种重要特性的范式，在实际数据库的设计中具有特别的意义。一般设计的模式如果能达到 3NF 或 BCNF，其关系的更新操作性能和存储性能是比较好的。目前在信息系统的设计中，普遍采用的是"基于 3NF 的系统设计"方法，就是由于 3NF 是无条件可以达到的，并且基本解决了"异常"的问题。如果仅考虑函数依赖这一种数据依赖，属于 BCNF 的关系模式已经很完美了。但如果考虑其它数据依赖，例如多值依赖，属于 BCNF 的关系模式仍存在问题，不能算作完美的关系模式。

§6.2　习题解析

6.2.1　选择题

1．在关系数据库设计理论中，起核心作用的是（　　）。

    A．模式分解　　　　　B．范式　　　　　C．数据依赖　　　　　D．数据完整性

【解析】关系数据库设计理论主要包括三个方面的内容：数据依赖、模式分解和范式化理论，模式分解和范式化理论都是以数据依赖理论为基础的

[参考答案] C。

2．当属性 Y 函数依赖于属性 X 时，属性 X 与 Y 的联系是（　　）。

    A．一对一联系　　　B．多对一联系　　　C．多对多联系　　　D．A 或 B

【解析】X→Y 成立，则依据 FD 概念，可知，当 X 取一个值则 Y 有唯一一个值与之对应，这样 X 与 Y 的联系类型有两种可能：一对一联系或多对一联系。

[参考答案] D。

3．关系中删除操作异常是指（　　）。

    A．应该删除的数据未被删除　　　　　B．不该删除的数据不删除

    C．不该删除的数据被删除　　　　　　D．应该删除的数据被删除

【解析】所谓关系中的删除操作异常，是指不应该删除的数据被删除了。

[参考答案] C。

4．关系模式分解是为了解决关系数据库（　　）问题而引入的。

    A．更新异常和数据冗余　　　　　　B．提高查询速度

    C．减少数据存储空间　　　　　　　D．减少数据操作的复杂性

【解析】关系模式分解主要目的是为了解决关系数据库更新操作异常，包括删除、插入、修改操作异常和减少数据冗余。

[参考答案] A。

5．关系规范化的实质是针对（　　）进行的。

　　A．函数　　　　　　B．函数依赖　　　C．范式　　　　　　D．关系

【解析】关系规范化的实质是对关系模式不断分解的过程。

[参考答案] D。

6．关系 R(ABCDE)中，F={A→DCE，D→E}，该关系属于（　　）。

　　A．1NF　　　　　　B．2NF　　　　　C．3NF　　　　　　D．B

【解析】该关系的候选键为 AB，则有 AB→DCE，利用分解规则得 AB→D。已知 A→DCE，利用分解规则得 A→D。由于关系中存在部分函数依赖，该关系属于 1NF。

[参考答案] A。

7．{X→Y，WY→Z}｜XW→Z 这是（　　）。

　　A．合并规则　　　　　B．伪传递规则　　　C．分解规则　　　　　D．合并及伪传递规则

【解析】由 A 氏公理中的伪传递规则可知 B 是正确的。

[参考答案] B。

8．关系模式规范化，各种范式之间的联系为（　　）。

　　A．BCNF⊆4NF⊆3NF⊆2NF⊆INF　　　B．1NF⊆2NF⊆3NF⊆4NF⊆BCNF

　　C．4NF⊆BCNF⊆3NF⊆2NF⊆INF　　　D．1NF⊆2NF⊆3NF⊆BCNF⊆4NF

【解析】各范式之间的关系是 4NF⊆BCNF⊆3NF⊆2NF⊆INF。

[参考答案] C。

9．数据库一般使用（　　）以上的关系。

　　A．1NF　　　　　　B．3NF　　　　　C．BCNF　　　　　D．4NF

【解析】一个关系规范化为 3NF 时，已经能够得到比较满意的结果，所以数据库一般使用 3NF 以上的关系。

[参考答案] B。

10．在关系规范化过程中，消除了（　　），使得 2NF 变成了 3NF。

　　A．部分函数依赖　　　　　　　　　B．部分依赖和传递依赖

　　C．传递函数依赖　　　　　　　　　D．完全函数依赖

【解析】在关系规范化过程中，消除了非主属性对候选键的传递函数依赖，使得 2NF 变成了 3NF。

[参考答案] C。

6.2.2　填空题

1．不合理的关系模式最突出的问题是＿＿＿＿＿，影响到关系模式本身的结构设计。

【解析】不合理的关系模式最突出的问题是数据冗余，关系系统中数据冗余产生的重要原因在于对数据依赖的处理，从而影响到关系模式本身的结构设计。

[参考答案] 数据冗余。

2．关系模式设计理论主要包括三个方面的内容：＿＿＿＿＿、＿＿＿＿＿和＿＿＿＿＿，其中＿＿＿＿＿起着核心的作用。

【解析】关系模式设计理论主要包括三个方面的内容：数据依赖、模式分解和范式，其中数据依赖起着核心作用。

[参考答案] 数据依赖，模式分解，范式，数据依赖。

3．在关系模式中，影响其性能的基本问题是_____。

【解析】影响关系模式的性能的基本问题是数据冗余和操作异常问题。

[参考答案] 数据冗余和操作异常。

4．对于函数依赖 X→Y，如果 Y⊆X，则称 X→Y 是一个_____函数依赖。

【解析】如果 Y⊆X，则 X→Y 称为平凡 FD。

[参考答案] 平凡。

5．如果 R 的分解为 β={R1，R2}，F 为 R 上成立的 FD 集，则 β 具有无损连接性的充要条件是_____或_____。

【解析】如果 R 的分解为 β={R1，R2}，F 为 R 成立的 FD 集，则 β 具有无损连接性的充要条件是(R1∩R2)→(R1-R2)∈F^+或(R1∩R2)→(R2-R1)∈F^+。

[参考答案] (R1∩R2)→(R1-R2)∈F^+，(R1∩R2)→(R2-R1)∈F^+。

6．如果 R∈1NF，且在 R 上成立的 FD 集中，每个函数依赖的左部都包含候选关键字，则 R∈_____。

【解析】如果 R∈1NF 且在 R 上成立的 FD 集中的每个 FD 的左部都包含候选关键字，则 R 必定属于 BCNF。

[参考答案] BCNF。

7．设有关系模式 R(A，B，C，D)，R 上成立的 FD 集 F={AB→C，D→A}，则$(CD)^+$=_____。

【解析】根据求属性集闭包算法：令 X(0)=CD，X(1)=CDA，X(2)=CDA，故$(CD)^+$=ACD。

[参考答案] ACD。

8．设有关系模式 R(A，B，C，D)，R 上成立的 FD 集 F={A→C，AB→C}，则 R 候选关键字是_____。

【解析】考察 F，A、B 是 L 类属性，D 是 N 类属性，则$(ABD)^+$=ABCD，故 ABD 是关系模式 R 唯一的候选关键字。

[参考答案] ABD。

9．设关系模式 R=(X，Y，Z)，R 上成立的 FD 集 F={X→Y，X→Z}，则 R 的最高范式为_____。

【解析】要确定 R 的最高范式，第一步求 R 的候选关键字：X 为 L 类属性，且 X^+=XYZ，可见，X 是 R 唯一的候选关键字。第二步依据各种范式的定义，确定 R 的范式级别：观察 F 中的 FD，X→Y 和 X→Z 的左部都是候选关键字，故 R 对于 F 的最高范式为 BCNF。

[参考答案] BCNF。

10．FD 有效地表达了属性之间_____的联系，但不能表达属性之间_____的联系。

【解析】函数依赖 FD 有效地表达了属性之间"多对一"的联系，但不能表达属性之间"一对多"的联系。为了刻画现实世界事物之间"一对多"的联系，因而引出了多值依赖 MVD 概念。

[参考答案] "多对一"，"一对多"。

6.2.3　问答题

1．为什么要对关系进行关系规范化处理？

【解析】在关系数据库设计中，要考虑怎样合理地设计关系模式，例如，设计多少个关系模式、一个关系模式要由哪些属性组成等，这些问题需要利用关系规范化理论去解决。通常，关系模式必须满足第一范式，但有些关系模式还存在插入异常、删除异常、修改异常以及数据冗余等各种异常现象。为了解决这些问题，就必须使关系模式满足更强的约束条件，即规范化为更高范式，以改善数据的完整性、一致性和存储效率。因此，根据应用的具体情况，对关系进行规范化处理有时是必须的。

2．关系规范化的实质是什么？关系模式规范化有哪些利弊？

【解析】关系规范化的实质是对关系模式不断分解的过程。在关系数据库设计中，关系模式规范化可以避免对 DB 操作的插入异常、删除异常和修改异常以及可以减少数据冗余。然而，关系模式规范化是将一个低级范式的关系模式通过分解转换为多个高级范式的关系模式的集合，在执行查询操作时，需要做连接运算，使数据库的查询效率降低。因此，对关系数据库进行规范化的程度高低需要根据具体应用确定，对常用于查询的关系模式可使其范式程度低一些，对常用于更新的关系模式的范式程度高一些。一般，模式分解到 3NF 就可以解决绝大多数更新异常问题和数据冗余问题。BCNF 的模式可以避免某些比较特殊情况的异常操作。

3．为什么要进行关系模式的分解？分解的依据是什么？分解有什么优缺点？

【解析】由于数据之间存在着联系的约束，在关系模式的关系中可能存在数据冗余和操作异常情况，因此需把关系模式进行分解，以消除数据冗余和操作异常情况。关系模式分解的依据是数据依赖和范式标准，分解可以消除冗余和异常现象，但在某些查询中需做连接操作，增加了查询时间。

4．什么是函数依赖？函数依赖与属性间联系的关系是什么？

【解析】函数依赖的定义是在关系模式 R(U)中，Y 是 U 的子集，r 是 R 任一具体关系，如果对 r 的任意两个元组 t、s 都有 t[X]=s[X]，推出 t[Y]=s[Y]，那么称函数依赖 X→Y 在 R 上成立。函数依赖与属性之间联系有三种关系：

- 若 X 和 Y 之间是 1:1 联系，则存在函数依赖 X→Y，Y→X 成立。
- 若 X 和 Y 之间是 N:1 联系，则存在函数依赖 X→Y。
- 若 X 和 Y 之间是 N:M 联系，则 X 与 Y 之间不存在函数依赖关系。

5．关系模式的分解有何特性？这些特性之间有何关系？

【解析】关系模式分解具有两个特性：保持无损连接性和保持函数依赖性。保持无损连接性的分解是指将关系 r 分解成 r_i(i=1，2，…，k)后，若 $r=r_1 \infty r_2 \infty r_k$，即无损连接性的分解可以保持数据在投影后通过自然连接恢复，不会丢失原来 r 中的元组。

保持函数依赖性是指将关系模式 R 分解成 R_1，R_2，…，R_k 后，使得在 R 上成立的 FD 集 F 等价于 $\prod_{R1(F)} \cup \prod_{R2(F)} \cup \cdots$，$\cup \prod_{Rk(F)}$，即保持 FD 集的分解能保证数据的语义不会出错，不会违反原来 F 中 FD 的语义。

保持无损连接性和保持函数依赖性这两种分解特性之间没有必然的联系。一个保持无损连接性的分解不一定具有保持 FD 依赖性；同样，一个保持 FD 依赖性的分解不一定保持无损连接性。因此，它们是两个独立的分解特性，既保持无损连接性的分解，又保持 FD 依赖性的分解是比较理想的。

6．设有关系模式 R(课程号、课程名、教师名、教师地址)，存储有课程与教师讲课安排的信息：一门课程只由一名教师讲授；一名教师可以讲授多门课程；一名教师只有一个地址。试问：

（1）R 最高为第几范式？为什么？

（2）是否存在删除操作异常？若存在，则说明在什么情况下发生？

（3）将 R 分解成高一级范式；分解后的关系是如何解决分解前可能存在的删除操作异常问题？

【解析】（1）根据题意，R 存在如下的函数依赖。

课号→课名；课号→教师名；教师名→教师地址，因而，课程号便是课程号，课程名，教师名，教师地址构成的 R 关系的候选关键字。因为一名教师可以讲授多门课程，即教师名 ↦ 课程号，教师地址传递函数依赖于课程号，即 R 中存在非主属性教师地址传递函数依赖于候选关键字课程号，说明 R 不是 3NF，所以 R 的最高范式是 2NF。

（2）存在。当删除某门课程时，会附带删除讲授该门课程的教师信息。

（3）消除教师地址对课程号的传递函数依赖，即将教师地址和课程号分解到关系 R_1 和 R_2 中，则 R_1 和 R_2 均为 3NF。

R_1(课程号，课程名，教师名)，

R_2(教师名，教师地址)。

分解后，当删除某门课程时，仅对关系 R_1 操作，教师地址信息在关系 R_2 中仍然保留，不会丢失。

7．下面的说法正确吗？为什么？

（1）任何一个二目关系都是 3NF 的。

（2）任何一个二目关系都是 BCNF 的。

（3）当且仅当函数依赖 A→B 在 R 上成立，R(ABC)等于其投影 R_1(AB)和 R_2(AC)的连接。

（4）若 A→B，B→C，则 A→C 成立。

（5）若 A→B，A→C，则 A→BC 成立。

（6）若 BC→A，则 B→A，C→A 成立。

【解析】（1）正确。因为在任何一个二目关系中，属性只有两个，不会产生非主属性对候选键的部分函数依赖和传递函数依赖，所以是 3NF 的。

（2）正确。因为在任何一个二目关系中，属性只有两个，不会产生主属性或非主属性对候选键的部分函数依赖和传递函数依赖，所以是 BCNF 的。

（3）不正确。因为当 A→C 时，R(ABC)也等于 R_1(AB)和 R_2(AC)的连接。

（4）根据 Armstrong 推理规则的传递律，此题正确。

（5）根据 Armstrong 推理规则的合并规则，此题正确。

（6）Armstrong 的分解规则是对函数依赖右部的属性进行分解，因而此题不正确。

8．简述 FD 公理 A1，A2，A3 三条推理规则，其中哪一条规则可以推出平凡的函数依赖？

【解析】FD 公理包括 A1，A2，A3 三个推导规则：

设关系模式 R(U)，$X,Y,Z \subseteq U$，有以下规则：

- A1 自反性：若 $Y \subseteq X$，则 X→Y。
- A2 增广性：若 X→Y，则 XZ→YZ。
- A3 传递性：若 X→Y，Y→Z，则 X→Z。

其中 A1 推导规则可以推出所有的平凡 FD。

9．什么是关系模式的范式？有哪几种范式？其关系如何？

【解析】范式是指在关系模式中数据之间必须满足的依赖关系，以保证对数据存储和操作的性能要求，使之具有一种规范级别的模式形式。

在函数依赖概念范围内定义有 1NF，2NF，3NF 和 BCNF 共 4 种范式；在多值依赖概念范围内，定义有 4NF。总共已学习过 5 种范式。

- 1NF：关系模式 R 属于 1NF 当且仅当 R 中每一个属性 A 的值域只包含原子项，即不可分割的数据项。
- 2NF：关系模式 R 属于 2NF 当且仅当 R 是 1NF，且每个非主属性都完全函数依赖于 R 的任何候选关键字。
- 3NF：关系模式 R 属于 3NF 当且仅当 R 是 2NF，且每个非主属性都不传递函数依赖于 R

的任何候选关键字。

- BCNF：关系模式 R 属于 BCNF 当且仅当 R 上成立的 FD 集 F 中每个函数依赖的决定因素必定包含 R 的某个候选关键字。

- 4NF，设有关系模式 R，D 是 R 上的依赖集，如果对于任何一个多值依赖 X→→Y（其中 Y-X≠φ，XY 未包含 R 的全部属性），X 都包含了 R 的一个候选关键字，则称 R 是 4NF。

以上 5 种范式的关系是：$4NF \subseteq BCNF \subseteq 3NF \subseteq 2NF \subseteq 1NF$。

10. 关系模式设计理论对数据库的设计有何帮助和影响？

【解析】关系模式设计理论是指导关系数据库逻辑结构设计的理论基础；关系模式设计方法是设计关系数据库的指南。

关系模式设计理论中的函数依赖的概念、范式化和范式标准、分解或合成的模式设计方法是设计关系逻辑模型的主要理论依据和采用的技术及方法。这些理论和方法对构造 E-R 模型也起着重要的指导作用。例如，对 E-R 模型中实体的划分、属性和联系的确定，以及检查数据库逻辑模型和 E-R 模型一致性等问题都离不开它们的指导。因此，掌握模式设计理论就能提高数据库的逻辑模型和 E-R 模型的设计质量。

6.2.4 应用题

1. 设有关系 SG(Sno，Sdept，Group，Addr，Lead，Date)满足下列函数依赖：

F={Sno→Sdept，Sno→Addr，Sdept→Addr，Group→Lead，(Sno，Group)→Date}，(Sno，Group) 为键。

关系 SG 中(Sno，Group)是键，所以 Sno 和 Group 是主属性，其它属性都是非主属性。由于存在非主属性 Lead 对键(Sno，Group)的部分函数依赖，所以 SG 不是第二范式，只是第一范式，现已肯定它存在的几种异常，为了取消几种异常，要对其进行规范化。

【解析】将键和完全函数依赖于键的非主属性放入一个关系中，将其它非主属性和它所依赖的主属性放入另外一个关系中。本例中的完全函数依赖于键的非主属性只有 Date，将其与键放入一个关系中；非主属性 Sdept 和 Addr 函数依赖于主属性 Sno，应把这三个属性放入一个关系中；非主属性 Lead 函数依赖于主属性 Group，应把这两个属性放入一个关系中。

关系 SG 分解为：SG(Sno，Group，Date)；

S(Sno，Sdept，Addr)；

G(Group，Lead)。

2. 在上题分解关系 S(Sno，Sdept，Addr)中，F={Sno→Sdept，Sno→Addr，Sdept→Addr}，Sno 是键，由于存在非主属性 Addr 对键 Sno 的传递函数依赖，所以 S 不是第三范式，只是第二范式，它仍然存在数据冗余。一个系有多少学生参加了团体，该系学生的住址就会重复多少次，所以仍需对其进行规范化。

【解析】若关系 R 中存在 X→Y 且 Y→Z，其中 X 是键，Y 和 Z 是非主属性，可将其分解为 $R_1(X，Y)$ 和 $R_2(Y，Z)$。

在本题中，可把 S 分解为 SS(Sno，Sdept)和 SA(Sdept，Addr)。

3. 在一订货系统数据库中，有一关系模式：订货(订单号，订购单位名，地址，产品型号，产品名，单价，数量)。要求：

（1）给出你认为合理的函数依赖。

（2）给出一组满足第三范式的关系模型。

【解析】

（1）根据订货系统数据库的情况，我们可以给出一个合理的函数依赖如下：

F={订单号→订购单位名，订单号→地址，产品型号→产品名，产品型号→单价，(订单号，产品型号)→数量}

（2）根据函数依赖，首先画出函数依赖图，如图 6-1 所示。

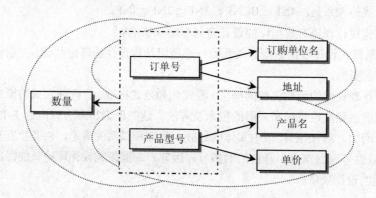

图 6-1   函数依赖分解

再作如下投影分解：

R₁(<u>订单号</u>，订购单位名，地址)，F₁={订单号→订购单位名，订单号→地址}

R₂(<u>产品型号</u>，产品名，单价)，F₂={产品型号→产品名，产品型号→单价}

R₃(<u>订单号</u>，<u>产品型号</u>，数量)，F₃={(订单号，产品型号)→数量}

最后，根据函数依赖和 3NF 的判定条件，可以确定 R₁、R₂ 和 R₃ 均属于 3NF。

§6.3   技能实训

关系模式规范化设计是关系数据库逻辑结构设计的理论基础，理论性较强，概念抽象。为了加深理解，这里以技能实训的形式，通过实例来描述关系模式规范化设计的内涵。根据本章教学内容重点和难点，安排两个实训项目：属性集闭包的计算方法和模式分解的等价性。

6.3.1   属性集闭包的计算方法

【实训背景】

要判断一个函数依赖 A→B 是否被 F 所逻辑蕴涵，可以先求出 F^+，然后检查 F^+ 是否包含 A→B。但是，当 F 包括很多个函数依赖时，F^+ 是很难求出的。试想，假设有这样一个函数依赖 $X \to Y_1 Y_2 \cdots Y_n$。其中 $Y_i(i=1, 2, \cdots, n)$ 是单个属性，则根据分解律，可以得到 2^n 个形如 X→Z 的函数依赖，其中，$Z \in Y_1 Y_2 \cdots Y_n$。由此可见，求 F^+ 是一件很费时的工作。为此，就要寻求另外一种方法来完成该项任务，这就是利用求属性组闭包的方法。

要判断函数依赖 A→B 是否被 F 所逻辑蕴涵，只需检查 B 是否包含于 A 关于 F 的闭包即可，即若 $B \subseteq A^+$，则 A→B 被 F 所逻辑蕴涵。

已知关系模式 R(U, F)，其中 U 代表 R 的所有属性组成的属性集，F 是 U 上的函数依赖集，属性组 $A \subseteq U$ 的闭包 A^+ 可以按照算法 6.1 求出。

算法 6.1   属性组的闭包的计算方法。

在主教材中给出的理论算法是输入 X，F；输出 X_F^+，求解步骤如下：

① 令 $X^{(0)}$=X，i=0。

② 求 B，B={A｜(∃V)(∃W)(V→W∈F∧V⊆$X^{(i)}$∧A∈W)}。

③ $X^{(i+1)}$=B∪$X^{(i)}$。

④ 判断 $X^{(i+1)}$=$X^{(0)}$吗？

⑤ 若相等，或 $X^{(i)}$=U，则 $X^{(i)}$为属性集 X 关于函数依赖集 F 的闭包，且算法终止。

⑥ 若不相等，则 i=i+1，返回②。

这是一种定理式的理论推导，很难用该算法对实际问题进行求解，下面用类似 C/C++的通俗语言进行算法描述，这样有利于加深对属性组闭包计算方法的理解。算法描述如下：

```
s1=A;
do{
    s0=s1;
    if exists V→W in F such that V⊆s0 and W-s0≠φ
    s1=s1∪W;
}while(s0!=s1 and s1!=U);
output(si);
```

【实训目的】

用类似 C/C++的通俗语言进行算法描述，掌握求属性组的闭包的计算方法。

【实训目内容】

求属性组的闭包。设关系模式 Student(Sno，Sname，Dept，Roomno，Cno，Credit，Score)的函数依赖集为：

F={Sno→(Sname，Dept)，Dept→Roomno，Cno→Credit，(Sno，Cno)→Score }，试求(Sno，Cno)$^+$。

【实训步骤】

根据算法 6.1，计算过程如下：

① s1={Sno，Cno}。

② s0=s1={Sno，Cno}。

③ 对于 Sno→(Sname，Dept)，由于 Sno⊆s0，所以 s1={Sno，Cno，Sname，Dept}。由于 s0!=s1，故进行第二轮循环。

④ s0=s1={Sno，Cno，Sname，Dept}。

⑤ 对于 Dept→Roomno，由于 Dept⊆s0，所以 s1={Sno，Cno，Sname，Dept，Roomno}。由于 s0!=s1，故进行第三轮循环。

⑥ s0=s1={Sno，Cno，Sname，Dept，Roomno}。

⑦ 对于 Cno→Credit，由于 Cno⊆s0，所以 s1={Sno，Cno，Sname，Dept，Roomno，Credit}。由于 s0!=s1，故进行第四轮循环。

⑧ s0=s1={Sno，Cno，Sname，Dept，Roomno，Credit}。

⑨ 对于(Sno，Cno)→Score，由于(Sno，Cno)⊆s0，所以 s1={Sno，Cno，Sname，Dept，Roomno，Credit，Score}。

⑩ 至此 s1=U，再进行循环不可能使 s1 有所变化，故循环停止。

因此，(Sno，Cno)$^+$={Sno，Cno，Sname，Dept，Roomno，Credit，Score}。同样方法可以求出 Sno$^+$={Sno，Sname，Dept，Roomno}，Cno$^+$={Credit}。

由此可见，(Sno，Cno)可以决定 R 的每一个属性，而 Sno 或 Cno 都不具有此特性。因此，(Sno，

Cno)是关系模式 Student 的候选键。

〖问题点拨〗一个函数依赖集 F 的闭包 F^+ 通常包含很多函数依赖，有些是先定义的，如平凡函数依赖，还有一些是可以推导出的。如果将每一个函数依赖看作对关系的一个约束，要检查 F^+ 中的每一个函数依赖对应的约束，显然是一件很繁重的任务。如果能找出一个与 F 等价但包含较少数目函数依赖的函数依赖集 G，则可以简化此工作，由此提出了最小覆盖概念。

6.3.2　关系模式分解的等价性

【实训背景】

对于同一个应用问题，选用不同的关系模式集合作为关系数据库模式，其性能的优劣是大不相同的。某些关系数据库模式设计常常带来存储异常，这是不利于实际应用的。为了区分关系数据库模式的优劣，人们常常把关系数据库模式分为各种不同等级的范式（Normal Form）。

当某些关系模式存在存储异常现象时，通过模式分解可使范式的级别提高，从而得到一个性能较好的关系数据库模式设计。但是，我们还须考虑另一重要因素：所产生的分解与原模式的等价性问题。人们从不同的角度去观察问题，对"等价"的概念形成了以下三种不同的含义：

（1）分解具有"无损联接"：所谓无损联接，就是当对关系模式 R 进行分解时，R 的元组将分别在相应属性集上进行投影而产生若干新的关系。若对新的关系进行自然连接得到的元组的集合与原关系完全一致，则称做分解的无损联接（Lossless join）。

（2）分解要"保持函数依赖"：所谓保持函数依赖，就是当对关系模式 R 进行分解时，R 的函数依赖集也将按相应的模式进行分解。若分解后总的函数依赖集与原函数依赖集保持一致，则称做分解保持函数依赖（preserve dependency）。

（3）分解既要"保持函数依赖"，又要具有"无损联接性"。

这三个含义是实行分解的三条不同的准则。按照不同的分解准则，模式所能达到的分离程度各不相同，各种范式就是对分离程度的测度。

【实训目的】

（1）实例分解，理解"保持函数依赖"和"无损联接性"的概念。

（2）理解关系模式分解的等价性的概念，掌握关系模式分解的具体方法。

【实训内容】

设一个学生只在一个系学习，一个系只有一名系主任，关系模式 R(Sno，Dept，Mname)上的函数依赖集 F={Sno→Dept，Dept→Mname}，R 的关系如表 6-1 所示。

表 6-1　函数依赖集

Sno	Dept	Mname
S_1	D_1	张三
S_2	D_1	张三
S_3	D_2	李四
S_4	D_3	王五

由于 R 中存在 Mname 对 Sno 的传递函数依赖，故它会发生更新异常。例如 S_4 毕业，在该表中需删除该学生信息，则 D_3 系的系主任是王五的信息也就丢掉了；反过来，如果一个系 D_5 尚无在校学生，那么这个系的系主任信息也无法存入。于是我们准备对它进行四种形式的分解。

【实训步骤】

设 R(W)是一个关系模式，β={R₁(W₁)，R₂(W₂)，…，R_K(W_K)}是一个关系模式的集合，如果 W₁∪W₂∪…∪W_k=W，则称 β 是 R(W)的一个分解。

通过一个实例说明：只要求 R(W)分解后的各关系模式所含属性的"并"等于 W，这个限定是很不够的。能否消除存储异常，不仅依赖于分解后各模式的范式程度，而且依赖于分解的方式。

（1）将 R(Sno，Dept，Mname)分解为 R₁(Sno)、R₂(Dept)和 R₃(Mname)：分解后的 R₁、R₂ 和 R₃ 表分别如图 6-2 所示。

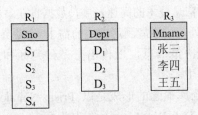

图 6-2　关系模式的分解

这三张表的模式显然全是 BCNF，但要根据这三张表回答"S₁ 在哪个系学习"或者"D₁ 系的系主任是谁"就不可能了。因此，这样的分解毫无意义。我们所希望的分解是应不丢失原有信息，这就是无损联接性的概念。

（2）将 R(Sno，Dept，Mname)分解为 R₁(Sno，Mname)和 R₂(Dept，Mname)：可以证明这个分解是可恢复的，它保持了无损联接性，且分解后的 R₁ 和 R₂ 均是 BCNF，但是对于前面提到的插入和删除异常它仍然没有解决。原因就在于分解后，R₁ 上存在函数依赖(Sno，Mname)→(Sno，Mname)，R₂ 上存在函数依赖 Dept→Mname，但它们都丢失了原来在 R 中存在的函数依赖 Sno→Dept。

（3）将 R(Sno，Dept，Mname)分解为 R₁(Sno，Dept)和 R₂(Sno，Mname)：可以证明这个分解是可恢复的，它保持了无损联接性，且分解后的 R₁ 和 R₂ 均是 BCNF，但是对于前面提到的插入和删除异常它仍然没有解决。原因就在于分解后，R₁ 上存在函数依赖 Sno→Dept，R₂ 上存在函数依赖(Sno，Mname)→(Sno，Mname)，但它们也都丢失了原来在 R 中存在的函数依赖 Dept→Mname。

（4）将 R(Sno，Dept，Mname)分解为 R₁(Sno，Dept)和 R₂(Dept，Mname)：可以证明该分解既具有无损联接性，又保持了函数依赖。此分解既解决了更新异常，又没有丢失原数据库的信息，这正是人们所希望的分解。

〖问题点拨〗关系模式的分解具有以下 3 个重要事实：

● 若要求分解保持函数依赖，那么模式分离总可以达到 3NF，但不一定能达到 BCNF。

● 若要求分解既保持函数依赖，又具有无损联接性．则可以达到 3NF，但不一定能达到 BCNF。

● 若要求分解具有无损联接性，那一定可达到 4NF。

§6.4　知识拓展——数据仓库和数据挖掘

数据仓库充分利用已有的数据资源，使用数据挖掘从大量的数据信息中提取人们感兴趣的知识，再利用这些知识创造出许多想象不到的信息，最终创造出效益。数据仓库应用所带来的好处已被越来越多的企业所认识，也推动着数据仓库及数据挖掘技术的迅猛发展。

6.4.1 数据仓库

数据仓库是近年来信息领域中迅速发展起来的数据库新技术。20 世纪 90 年代初期提出这一概念，90 年代中期已形成潮流，成为继 Internet 技术之后的又一个技术热点。

1. 数据仓库的概念

SQL Server、Oracle 等企业级关系数据库管理软件，最初设计用来集中保存由大公司或政府部门的日常事务所产生的数据。在过去的几十年中，这些数据库已发展成为记录执行企业日常操作所需数据的高效系统。然而，随着信息技术的高速发展，数据量在急剧增长，数据库应用的规模、范围和深度不断扩大，一般的事务处理已不能满足应用的需求。企业界迫切要求能够迅速地从大量的、复杂的业务数据中获取所需的决策信息，以作出有效的判断和抉择。于是，数据仓库（Data Warehousing，DW）技术应运而生。

什么是数据仓库呢？数据仓库概念的形成是以 Prism Solution 公司副总裁，数据仓库之父 W.H.Inmon 出版的《Building the Data Warehouse》一书为标志。他在该书中对数据仓库的描述是：<u>数据仓库是一个面向主题的、集成的、相对稳定的、反映历史变化的数据集合，用于支持管理决策。</u>正是这一定义概念，成为了数据仓库的基本特征。

（1）面向主题（Subject Oriented）：基于传统关系数据库建立的各个应用系统是面向应用进行数据组织的，而数据仓库中的数据是面向主题进行组织的。主题是指一个分析领域，是在较高层次上对企业信息系统中的数据综合、归类并进行利用的抽象。所谓较高层次是相对面向应用而言的，其含义是指按照主题进行数据组织的方式具有更高的数据抽象级别。例如保险公司建立数据仓库，所选主题可能是顾客、保险金、索赔等，而按照应用组织的数据库则可能是汽车保险、生命保险、财产保险等。面向主题的数据组织方式就是在较高层次上对分析对象的数据的一个完整、一致的描述，能完整、统一地刻画各个分析对象所涉及的各项数据以及数据之间的联系。

（2）集成（Integrated）：面向事务处理的操作型数据库通常与某些特定的应用相关，数据库之间相互独立，并且往往是异构的。而数据仓库中的数据不是简单地将来自外部信息源的信息原封不动地接收，而是在对原有分散的数据库数据进行抽取、清理的基础上经过系统加工、汇总和整理得到的。消除了源数据中的不一致性，保证数据仓库内的信息是关于整个企业的一致性全局信息。

（3）相对稳定（Non-Volatile）：数据仓库中的数据主要是供决策支持系统之用，所涉及的数据操作主要是数据查询，一般情况下不进行修改操作。数据仓库的数据反映的是一段相对较长的时间内的历史数据的内容，是不同时间的数据库快照的集合，以及基于这些快照进行统计、综合和重组的导出数据，而不是联机处理的数据。由于数据仓库一般需要大量的查询操作，而修改和删除操作却很少，通常只需要定期的加载、刷新。因此，数据仓库的信息具有稳定性。

（4）反映历史变化（Time Variant）：由于数据仓库中的数据是稳定的，系统记录了企业从过去某一时刻（如开始应用数据仓库的时刻）到目前的各个阶段的信息，即反映了一段时间内的历史数据。因此，用户可以对这些数据进行趋势分析和预测，以获得决策支持。

由此看出，数据仓库是数据库技术发展和应用深化的产物，它建立在已有的数据库技术之上，是对已有数据的重新组织和集成。同时，数据仓库是一种数据存储和组织技术，是决策分析的基础。传统的支持系统主要是以模型库系统为主体，通过定量分析进行辅助决策。数据仓库则是一种管理技术，它将分布在企业网络中不同站点的商业数据集成到一起，为决策者提供各种类型的、有效的数据分析，起到决策支持系统的作用，数据仓库为决策支持系统开辟了一种新途径。随着数据库的广泛应用，基于数据仓库的决策支持系统应运而生了。虽然数据仓库技术产生不到 20 年的时间，但得到了迅速发展，各数据库厂商纷纷推出了自己的数据仓库软件。

2. 数据仓库的体系结构

一个完整的数据仓库系统至少由三部分构成：数据源、数据仓库和数据分析工具，其结构如图 6-3 所示。

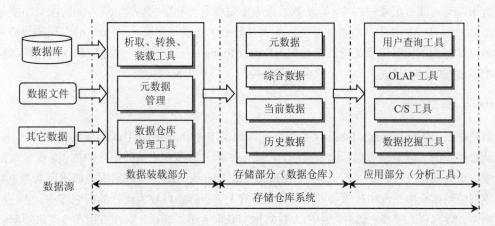

图 6-3　数据仓库的体系结构

（1）数据源：数据源是数据仓库的基础。同一数据仓库可以有多种不同的数据源，一种是正在运行的数据库系统中的数据，这些信息既可以是关系的也可以是非关系的；另一种是脱机或档案数据，这些数据对趋势分析有巨大的历史价值；还有一种是来自外部系统的人工数据，如市场研究部门提交的竞争分析简报等。

（2）数据准备区：数据准备区也称为数据装载器，负责数据的获取和装入。它从不同的外部数据源获取数据并进行分析、综合、归并，转换成数据仓库使用的格式，然后将数据装入数据仓库。同时它还负责监视数据源的数据变化，随时对新的或变化的信息进行分析、过滤并将结果追加到数据仓库中。

（3）数据存储和管理：数据存储和管理部分负责数据仓库内部数据的维护和管理，包括数据的组织、数据的管理和元数据的管理，这些工作需要利用已有的 DBMS 的功能来完成。

数据仓库中保存的数据量相对传统的数据库来说要大得多，如何有效地组织这些数据是数据仓库中最为关键、最为核心的技术。

（4）数据访问和分析：数据访问部分为数据仓库的前端，面向不同的最终用户。在这部分主要包括两种类型的分析技术：联机分析处理技术和数据挖掘技术。它们分别用于实现决策支持系统的不同需要。

许多数据仓库系统（Data Warehouse System，DWS）在数据仓库和前端工具之间还有数据集市（Data Mark）。数据集市是按不同分类组织的，是部门级的数据仓库。如按照业务的不同组织财务、销售、市场等多个数据集市，每个数据集市包含了有关的特定业务领域的信息，这样结构简单而又易于管理。

从数据仓库系统结构可以看出，实际上数据仓库系统主要由三大技术构成，即数据仓库技术（解决数据的组织和存储）、联机分析处理技术（解决复杂的信息查询）和数据挖掘技术（提供趋势的预测）。

3. 数据仓库的应用

建立数据仓库的最终目标是尽可能让更多的公司管理者方便、有效和准确地使用数据仓库这一集成的决策支持环境。为实现这一目标，为用户服务的前端工具必须能被有效地集成到新的数据分析环境中去。数据仓库系统以数据仓库为基础，通过查询工具和分析工具，完成对信息的提取，以满足用户进行管理和决策的各种需要。用户从数据仓库采掘信息时有多种不同的方法，但大体可以归纳为两种模式，即验证型（Verification）和发掘型（Discovery）。其中，前者通过反复、递归地检索查询以验证或否定某种假设，即从数据仓库中发现业已存在的事实，这方面的工具主要是多维分析工具，如 OLAP 技术；后者主要负责从大量数据中发现数据模式（Pattern），预测趋势和未来的行为，这方面的工具主要是指数据挖掘（Data Mining）技术，是一种展望和预测性的新技术，它能挖掘数据的潜在模式，并为企业做出前瞻性的、基于知识的决策。

6.4.2　数据挖掘

数据挖掘（Data Mining，DM）又称数据库知识发现（Knowledge Discover in Database，KDD），是指从数据库的大量数据中揭示出隐含的、先前未知的并有潜在价值的信息的过程。它是数据仓库系统中最重要的部分，也是人工智能（Artificial Intelligence，AI）和数据库领域研究的热点问题。数据挖掘是数据仓库系统中最重要的部分，是当前人工智能领域较为流行的研究方向，它是从存放在数据库、数据仓库或其它信息库中的大量数据中获取有效、新颖、潜在有用、最终可理解的模式的非平凡过程。

1. 数据挖掘的概念

数据挖掘是从大型数据库的数据中提取人们感兴趣的知识，这些知识是隐含的、事先未知的有用信息，提取的知识可表示为概念（Concept）、规律（Regulation）、模式（Pattern）等形式。广义地说，就是在一些事实或观察数据的集合中寻找模式的决策支持过程。

什么是数据挖掘呢？目前比较公认的定义是 Fayyad 等给出的：数据挖掘是从数据集中识别出有效的、新颖的、潜在的、有用的以及最终可理解的模式的高级处理过程。

从数据挖掘的定义可以看出，作为一个学术领域，数据挖掘（DM）和数据库知识发现（KDD）具有很大的重合度，大部分学者认为 DM 和 KDD 是等价概念。在人工智能领域习惯称为 KDD，而在数据库领域习惯称为 DM。

数据挖掘是一种决策支持过程，它主要基于人工智能、机器学习、模式识别、统计学、数据库、可视化技术等，高度自动化地分析企业的数据，做出归纳性的推理，从中挖掘出潜在的模式，帮助决策者调整市场策略，减少风险，从而做出正确的决策。

根据信息存储格式，用于挖掘的对象有关系数据库、面向对象数据库、数据仓库、文本数据源、多媒体数据库、空间数据库、时态数据库、异质数据库、Internet 等。

2. 数据挖掘方法

随着数据挖掘研究的深入，逐渐形成了多种不同类型的挖掘，如果从数据特征和分析结论分类，数据挖掘方法又可分为描述性分析挖掘方法和预测性分析挖掘方法。

（1）描述性分析挖掘方法（The Method of Description）：主要用于分析系统中的数据特征，以便为预测做准备。描述性分析挖掘方法主要包括以下几种：

① 关联分析（Association Analysis）。关联规则挖掘是由 Rakcshapwal 等人首先提出的。两个或两个以上变量的取值之间存在某种规律性，就称为关联。数据关联是数据库中存在的一类重要的、可被发现的知识。关联分为简单关联、时序关联和因果关联。关联分析的目的是找出数据库中隐藏的关联网。一般用支持度和可信度两个阈值来度量关联规则的相关性，还不断引入兴趣度、相关性等参数，使得所挖掘的规则更符合需求。

② 时序模式分析（Time-series Pattern）。是指通过时间序列搜索出的重复发生概率较高的模式。与回归一样，它也是用已知的数据预测未来的值，但这些数据的区别是变量所处的时间不同。时序模式分析和关联分析相似，其目的也是为了挖掘数据之间的联系，但时序模式分析的侧重点在于分析数据间的前后序列关系。

③ 聚类分析（Clustering）。是指把数据按照相似性归纳成若干类别，同一类中的数据彼此相似，不同类中的数据相异。聚类分析可以建立宏观的概念，发现数据的分布模式，以及可能的数据属性之间的相互关系。聚类分析的方法很多，其中包括系统聚类法、分解法、加入法、动态聚类法、模糊聚类法、运筹方法等。采用不同的聚类方法，对于相同的记录集合可能有不同的划分结果。

（2）预测性分析挖掘方法（The Method of Prediction）：主要用于在描述性分析得到的结论基础上对系统的发展作出估价，以便为决策提供依据。预测性分析挖掘方法主要包括以下几种：

① 分类分析（Classification）。是指找出一个类别的概念描述，它代表了这类数据的整体信息，即该类的内涵描述，并用这种描述来构造模型，一般用规则或决策树模式表示。分类是利用训练数据集通过一定的算法而求得分类规则。分类可被用于规则描述和预测。

② 预测分析（Predication）。是指利用历史数据找出变化规律，建立模型，并由此模型对未来数据的种类及特征进行预测。预测关心的是精度和不确定性，通常用预测方差来度量。

③ 偏差分析（Deviation）：在偏差中包括很多有用的知识，数据库中的数据存在很多异常情况，发现数据库中数据存在的异常情况是非常重要的。偏差检验的基本方法就是寻找观察结果与参照之间的差别。

④ 统计回归分析（Statistical Regression）。在数据库字段项之间存在函数关系（能用函数公式表示的确定性关系）和相关关系（不能用函数公式表示，但仍是相关确定性关系），对它们的分析可采用统计学方法，即利用统计学原理对数据库中的信息进行分析。可进行常用统计（求大量数据中的最大值、最小值、总和、平均值等）、回归分析（用回归方程来表示变量间的数量关系）、相关分析（用相关系数来度量变量间的相关程度）、差异分析（从样本统计量的值得出差异来确定总体参数之间是否存在差异）等。

3. 数据挖掘模型

自数据挖掘概念提出，引来了许多专家、学者关注的目光，展开对数据挖掘建模理论及其算法的研究，并不断取得研究进展。其中，较为典型的算法模型有以下方面。

（1）人工神经网络（Artificial Neural Networks）：是仿真生物神经网络，其基本单元模仿人脑的神经元，称为结点；同时，利用链接连接结点，类似于人脑中神经元之间的连接。由于人工神经网络具有自我组织和自我学习等特点，以及本身良好的鲁棒性、自组织自适应性、并行处理、分布存储和高度容错等特性，能解决许多其它方法难以解决的问题，非常适合解决数据挖掘的问题。

典型的神经网络模型主要分三大类：以感知机、bp 反向传播模型、函数型网络为代表的，用于分类、预测和模式识别的前馈式神经网络模型；以 hopfield 的离散模型和连续模型为代表的，分别用于联想记忆和优化计算的反馈式神经网络模型；以 art 模型、koholon 模型为代表的，用于聚类的自组织映射方法。

神经网络方法的缺点是"黑箱"性，人们难以理解网络的学习和决策过程。

（2）决策树方法（Decision Trees）：是一种模仿植物树的结构，将决策的问题分为决策结点、分支和叶子，顶部的结点称为"根"，末梢的结点称为"叶子"。通过将大量数据有目的地分类，从中找到一些有价值的、潜在的信息。决策树是一种常用于预测模型的算法，它的主要优点是描述简单、分类速度快，特别适合大规模非数值型数据的处理。

决策树方法的缺点是如果生成的决策树过于庞大，会对结果的分析带来困难，因此需要在生成决策树后再对决策树进行剪枝处理。

（3）遗传算法（Genetic Algorithms）：是一种基于生物自然选择与遗传机理的随机搜索算法，是一种仿生全局优化方法。遗传算法模仿人工选择培育良种的思路，从一个初始规则集合开始，迭代地通过交换对象成员（杂交、基因突变）产生群体（繁殖），评估并择优复制（物竞天择、适者生存、不适应者淘汰），优胜劣汰逐代积累计算，最终得到最有价值的知识集。

遗传算法具有的隐含并行性、易于和其它模型结合等性质使得它在数据挖掘中被加以应用。sunil 已成功地开发了一个基于遗传算法的数据挖掘工具，利用该工具对两个飞机失事的真实数据库进行了数据挖掘实验，结果表明遗传算法是进行数据挖掘的有效方法之一。

遗传算法的缺点是算法较复杂，收敛于局部极小的较早收敛问题尚未解决。

（4）模糊集方法（Fuzzy Logic）：利用模糊集合理论可对实际问题进行模糊评判、模糊决策、模糊模式识别和模糊聚类分析。系统的复杂性越高，模糊性越强，一般模糊集合理论是用隶属度来刻画模糊事物的亦此亦彼性的。李德毅等人在传统模糊理论和概率统计的基础上，提出了定性定量不确定性转换模型——云模型，并形成了云理论。

此外，还有粗集方法、覆盖正例排斥反例方法等，因篇幅限制，这里不一一详细介绍。

4. 数据挖掘过程

数据挖掘是一个完整的过程，该过程从大量的数据中挖掘先前未知的、有效的、可用的信息。这个过程一般分为：确定业务对象、数据准备、挖掘操作、结果表达和解释。规则的挖掘可以描述为这 4 个阶段的反复过程，如图 6-4 所示。

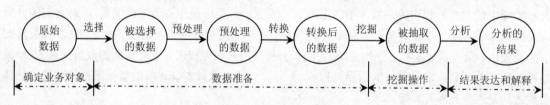

图 6-4　数据挖掘过程

（1）确定业务对象：在开始数据挖掘之前一定要清晰地定义出业务问题，认清数据挖掘的目的是数据挖掘的第一步。挖掘的最后结果是不可预测的，但要探索的问题是可预见的。

（2）数据准备：是保证数据挖掘得以成功的先决条件，通常分为以下 3 个步骤：

① 选择源数据。在大型数据库和数据仓库目标中提取数据挖掘的目标数据集。

② 数据预处理。提取的数据可能是不完全的、有噪声的、随机的，需要进行预处理。

③ 数据的转换。根据数据挖掘的目标和数据特征，选择适合的数据模型，这个模型是针对数据挖掘算法建立的。建立一个适合挖掘算法的分析模型，是数据挖掘成功的关键。

（3）挖掘操作：就是对经过转换的数据进行挖掘，包括决定如何产生假设，选择合适的工具、挖掘规则的操作和证实挖掘的规则。

（4）结果表达和解释：根据最终用户的决策目的对提取的信息进行分析，把最有价值的信息区分出来，并且通过决策支持工具提交给决策者。因此，这一阶段的任务不仅把结果表达出来，还要对信息进行过滤处理。

6.4.3　数据仓库与数据挖掘的区别

数据仓库是在传统数据库的基础上发展形成的，而数据挖掘是在数据仓库的基础上发展形成的，它们之间存在如下关系。

1. 传统数据库与数据仓库的区别

从数据库技术形成就一直在高速地发展着。随着数据库技术应用的不断深入，人们把数据库的应用分成了两类：操作型处理和分析型处理，也称为联机事务处理（Online Transaction Processing，OLTP）和联机分析处理（Online Analytical Processing，OLAP）。

联机事务处理是指对企业数据进行日常的业务处理，强调的是更新数据库，即向数据库中添加信息，主要包括对企业数据库的一个或一批记录进行检索或更新；联机分析处理（又称为多维数据分析）是指对数据的查询和分析操作，通常是对海量的历史数据进行查询和分析，强调的是要从数据库中获取信息和利用信息，主要用于管理人员的辅助决策，它通过对大量数据的综合、统计和分析得出有助于企业决策的信息。

传统的数据库技术是面向日常事务处理为主的联机事务处理应用，是一种操作型处理方式，其特点是处理事务量大，但事务内容比较简单且重复率高，人们主要关心响应时间、数据的安全性和完整性。而数据仓库技术则是面向以决策支持为目标的联机分析处理应用，其特点是经常需要访问大量的历史性、汇总性和计算性数据，分析内容复杂，主要是管理人员的决策分析。因此，传统数据库与数据仓库的区别完全可以由 OLTP 和 OLAP 来体现，我们可将其区别概括为以下 5 个方面。

（1）用户和系统的面向性：OLTP 是面向顾客的，用于办事员、客户和信息技术专业人员的事务处理和查询处理；而 OLAP 是面向市场的，用于帮助经理、主管和分析人员等进行数据分析。

（2）数据内容：OLTP 系统管理当前数据，这种数据一般都比较繁琐，难以用于决策分析；而 OLAP 系统管理大量的历史数据，提供汇总和聚集机制，并在不同的粒度级别上存储和管理信息。

（3）数据库设计：OLTP 系统通常采用实体-联系（E-R）模型和面向应用的数据模式；而 OLAP 系统通常采用星型或雪花模型和面向主题的数据模式。

（4）数据视图：OLTP 系统主要关注一个企业或部门内部的当前数据，它不涉及历史数据或不同组织的数据；而 OLAP 则通常跨越数据库模式的多个版本，处理来自不同组织的信息和多个数据存储集成的信息。此外，由于数据量巨大，OLAP 数据一般存放在多个存储介质上。

（5）访问模式：OLTP 系统的访问主要由短的原子事务组成，因而需要并行控制和恢复机制；而 OLAP 系统的访问是只读操作，尽管许多访问情况可能是复杂的查询。

综上所述，传统数据库与数据仓库的最大区别就在于：数据库从结构到功能上都面向事务处理，而数据仓库则面向分析处理。从数据仓库的发展历史看，正是由于以数据库系统为核心的事务处理环境不能很好地完成分析处理的任务，才导致了数据仓库技术的出现和发展。

2. 数据仓库与数据挖掘的区别

从理论研究角度讲，与数据库技术紧密相关的是数据仓库和数据挖掘。从应用角度讲，与数据库技术紧密相关的是应用开发。其中：数据仓库主要研究和解决从数据库中获取信息的问题，是决策支持系统和联机分析应用数据源的结构化数据环境，数据仓库的主要特征是面向主题、集成性、稳定性和时变性，即数据仓库在企业管理和决策中是面向主题的、集成的、与时间相关的、不可修改的数据集合，这些也正是其区别于传统操作型的特性所在。数据仓库作为数据组织的一种形式给 OLAP 分析提供了后台基础，而 OLAP 技术使数据仓库能够快速响应重复而复杂的分析查询，从而使数据仓库能有效地用于联机分析。OLAP 的多维性、分析性、快速性和信息性成为分析海量历史数据的有力工具。

数据挖掘是从海量数据中挖掘出潜在的有价值信息，对数据进行更深度的分析，以指导人们制定正确的决策。与数据仓库相比，数据挖掘侧重于对决策人员的决策活动进行支持的联机数据访问与分析系统。数据挖掘利用各种分析技术和工具从大量的数据中抽取数据的信息特征，实现快速、灵活的大数据量查询处理，提供直观易懂的查询、分析和决策结果展现形式。

在实际系统中，数据挖掘库可能是用户的数据仓库的一个逻辑上的子集，而不一定非得是物理上单独的数据库。但如果用户的数据仓库的计算资源已经很紧张，则最好建立一个单独的数据挖掘库。当然，为了数据挖掘也不必非得建立一个数据仓库，数据仓库不是必需的。

目前，数据仓库系统已成为建立决策支持系统（Decision Support System，DDS）的核心技术。决策支持系统涵盖了联机分析处理、数据仓库和数据挖掘三个领域。

第7章　关系数据库设计

【问题描述】 数据库设计是从用户的数据需求、处理要求及建立数据库的环境条件出发，运用数据库的理论知识，把给定的应用环境（现实世界）中存在的数据合理地组织起来，逐步抽象成已经选定的某个数据库管理系统能够定义和描述的具体的数据结构，构造性能最优的数据库模式，建立数据库及其应用系统，使之能够有效地存取数据，满足各种用户的应用需求。

【辅导内容】 给出了本章的学习目标、学习方法、学习重点、学习要求、关联知识，以及相关概念的区分。然后，给出了本章的习题解析、技能实训，以及知识拓展（知识库系统和专家数据库系统）。

【能力要求】 通过学习引导，掌握本章的知识要点；通过习题解析，深入理解和掌握关系数据库设计的基本知识；通过技能实训，熟练掌握数据库设计的方法步骤；通过知识拓展，了解知识库系统和专家数据库系统的基本概念。通过本章学习，为数据库应用系统开发打下基础。

§7.1　学习引导

关系数据库设计的具体内容主要包括需求分析、概念结构设计、逻辑结构设计、物理结构设计、数据库的实施与维护。这些内容是设计一个实际应用系统的基本步骤和方法。

7.1.1　学习导航

1. 学习目标

本章的重点是实体-联系模型基本概念、概念设计过程以及如何将 E-R 模型转化为关系模型。本章的学习目标：一是要求深入理解 E-R 模型的基本概念和约束，熟练掌握运用 E-R 模型进行数据库概念模型设计的方法和原则；二是能在独立分析现实世界应用需求的基础上，设计出正确的 E-R 图，并能熟练运用 E-R 模型转换规则，将设计出的 E-R 图转化为关系模型。

2. 学习方法

E-R 模型是一种语义模型，是现实世界到信息世界的事物及事物之间关系的抽象表示。在学习过程中，应根据具体应用需求，运用抽象的方法进行 E-R 模型设计。为便于理解，本章以大学选课系统为例介绍 E-R 模型的设计方法与设计原则。本章概念较多，要多做 E-R 模型设计练习，以加深对基本概念的理解。

3. 学习重点

本章的学习重点是需求分析、概念结构设计、逻辑结构设计、物理结构设计，难点是概念结构设计和逻辑结构设计。

4. 学习要求

数据库设计是本课程的重点，通过本章学习，必须熟练掌握数据库的概念设计、数据库的逻辑设计、数据库的物理设计。其中，局部视图设计、视图集成中的冲突问题、基本 E-R 图到关系模型的转换、扩充 E-R 图到关系模型的转换等，是本章的核心。

5. 关联知识

数据库设计是数据库技术中的重要内容，从教学角度讲，它是数据库基本理论知识的综合；从应用角度讲，它是开发数据库应用系统的基本方法和步骤。在本教材中，它是第 8 章"数据库应用系统开发"和第 9 章"开发高校教学管理系统"的基础。

7.1.2　相关概念的区分

关系数据库设计是数据库技术中的重点内容，而且涉及很多重要概念。在本章学习过程中，应注意以下概念的区别。

1. 概念设计、局部概念设计、总体概念设计的区别

概念设计的主要目的是分析数据之间的内在语义关联，并在此基础上建立数据的抽象模型。概念设计的方法和步骤，实际上就是建立信息数据的内在逻辑关系和语义关联的过程。

局部概念设计是根据需求分析的结果（数据流图、数据字典）对现实世界的数据进行抽象，然后设计成各个局部视图（分 E-R 图）。具体说，是将各局部应用涉及的数据分别从数据字典中抽取出来，参照数据流图标定各局部应用中的实体、实体的属性，标识实体的键、确定实体之间的联系及其类型（1∶1，1∶N，M∶N）。

总体概念设计是指将设计好的各分 E-R 图进行集成，最终形成一个完整的、能支持各个局部概念模型的数据库概念模型结构的过程。换句话说，当各个局部概念模型（分 E-R 图）建立好之后，需要将它们合并成为一个全局概念模型（总 E-R 图）。

2. 结构特性设计与行为特性设计的区别

结构特性设计是指数据库结构的设计，设计结果是得到一个合理的数据模型，以反映现实世界中事物间的联系，它包括各级数据库模式（模式、外模式和内模式）的设计。

行为特性设计是指应用程序设计，包括功能组织、流程控制等方面的设计。行为特性设计的结果是根据行为特性设计出数据库的外模式，然后用应用程序将数据库的行为和动作（如数据查询和统计、事务处理及报表处理）表达出来。

§7.2　习题解析

7.2.1　选择题

1. 设计数据库时首先应该设计（　　）。

    A. 数据库应用系统结构　　　　　　B. 数据库的概念结构

    C. DBMS 结构　　　　　　　　　　D. 数据库的控制结构

【解析】数据库设计的步骤一般分为需求分析、概念设计、逻辑设计以及物理设计。需求分析实际上是软件工程中系统分析的内容。数据库设计实际上是从概念设计开始。

[参考答案] B。

2. 数据库物理设计不包括（　　）。

    A. 加载数据　　　　B. 分配空间　　　　C. 选择存取空间　　　　D. 确定存取方法

【解析】数据库物理设计的任务是为关系选择存取方法、建立存取路径、确定存储结构等。

[参考答案] A。

3. 逻辑设计的任务是（　　）。

    A. 进行数据库的具体定义，并建立必要的索引文件

    B. 利用自顶向下的方式进行数据库的逻辑模式设计

C. 逻辑模式设计要完成数据的描述和数据存储格式的设定

D. 将概念设计得到的 E-R 图转换为 DBMS 支持的数据模型

【解析】逻辑设计是将概念设计所得到的数据模型，转换成以 DBMS 的逻辑数据模型表示的逻辑（概念）模式。

[参考答案] D。

4. 概念设计得到的 E-R 图属于（   ）。

A. 信息模型   B. 层次模型   C. 关系模型   D. 网状模型

【解析】在数据库设计中，E-R 图主要用来描述信息结构而不涉及信息在计算机中的表示。

[参考答案] A。

5. 数据库设计的需求分析阶段主要设计（   ）。

A. 程序流程图   B. 程序结构图   C. 框图   D. 数据流程图

【解析】数据库设计的需求分析阶段主要用数据流程图分析用户的处理需求和数据需求。

[参考答案] D。

6. 一个学生可选修 5 门课程，每门课程可有多位学生选修。学生和课程间的这种联系类型属于（   ）。

A. 1∶1 联系   B. 1∶N 联系   C. 自联系   D. M∶N

【解析】如果对于一个实体集 A 中的每一个实体，实体集 B 中有 N 个（N≥0）实体与之联系，反之，如果对于一个实体集 B 中的每一个实体，实体集 A 中也有 M 个（N≥0）实体与之联系，则称实体集 A 与实体集 B 具有多对多联系，记为（M∶N）。

[参考答案] D。

7. 建立索引工作属于数据库的（   ）。

A. 概念设计   B. 逻辑设计   C. 物理设计   D. 实现与维护

【解析】索引（Index）是数据库物理设计的基本问题，给关系选择有效的索引对提高数据库的访问效率有很大的作用。

[参考答案] C。

8. 数据库系统概念模型设计的结果是（   ）。

A. 一个与 DBMS 相关的概念模型   B. 一个与 DBMS 无关的概念模型

C. 一个与数据存储相关的数据模型   D. 一个与操作系统相关的概念模式

【解析】数据库的概念结构设计是将系统需求分析得到的用户需求抽象为信息结构，即概念模型的过程。概念结构能够真实、充分地反映现实世界，包括事物和事物之间的联系，是对现实世界模拟的一个真实模型，独立于计算机。

[参考答案] B。

9. 下列不属于数据库逻辑设计阶段考虑的问题是（   ）。

A. DBMS 特性   B. 概念模式   C. 处理要求   D. 数据存取方法

【解析】DBMS 特性、概念模式、处理要求都是数据库逻辑设计阶段应考虑的问题。数据存取方法是数据库物理设计阶段应考虑的问题。

[参考答案] D。

10. 全局 E-R 模型的设计，需要消除属性冲突、命名冲突和（   ）。

A. 结构冲突   B. 联系冲突   C. 类型冲突   D. 实体冲突

【解析】合并分 E-R 图时，并不能简单地将各个分 E-R 图画在一起，而是必须先消除各个分

E-R 图之间的不一致，形成一个能被全系统所有用户共同理解和接受的统一的概念模型。合理消除各个分 E-R 图的冲突是合并的主要工作。各分 E-R 图之间的冲突主要有三类：属性冲突、命名冲突和结构冲突。

[参考答案] A。

7.2.2 填空题

1. 数据库设计包含数据库结构设计和相应的应用程序设计，从数据库设计的特性上看，分别对应于设计过程中的_____和_____。

【解析】数据库结构设计是结构特性设计，设计结果是得到一个合理的数据模型，以反映现实世界中事物间的联系，它包括各级数据库模式（外模式、概念模式和内模式）的设计。

应用程序设计是行为特性设计（包括功能组织、流程控制等）。行为特性设计的结果是根据行为特性设计出数据库的外模式，然后用应用程序将数据库的行为和动作（如数据查询和统计、事务处理及报表处理）表达出来。

[参考答案] 结构特性设计，行为特性设计。

2. 目前，设计数据库主要采用以_____和_____为核心的规范设计方法。

【解析】目前，设计数据库主要采用以逻辑数据库设计和物理数据库设计为核心的规范设计方法。其中，逻辑数据库设计是根据用户要求和特定数据库管理系统的具体特点，以数据库设计理论为依据，设计数据库的全局逻辑结构和每个用户的局部逻辑结构；物理数据库设计是在逻辑结构确定之后，设计数据库的存储结构及其它实现细节。

[参考答案] 逻辑数据库设计，物理数据库设计。

3. 在数据库设计需求阶段，用来分析和表达用户需求的常用描述方法有_____、_____和_____。

【解析】用来分析和表达用户需求的常用方法有结构化分析、数据流图和数据字典等。

结构化分析方法的特点是采用自顶向下或自底向上的结构化分析，它从最上层系统组织机构入手，采用逐层分解的方式分析系统，并用数据流图和数据字典描述系统，给出满足功能要求的软件模型；数据流图是软件工程中专门描绘信息在系统中流动和处理过程的图形化工具，并独立于系统的实现机制；数据字典是结构化设计方法的另一个工具，用来对系统中的各类数据进行详尽的描述。

[参考答案] 结构化分析，数据流图，数据字典。

4. E-R 图中的一个 1∶N 联系的转换规则是_____。

【解析】一个 1∶N 联系的转换方法有两种：一种是将联系转换为一个独立的关系，其关系的属性由与该联系相连的各实体的主关键字以及联系自身的属性组成，而该关系的主关键字为 N 端实体的主关键字；另一种是与 N 端对应的关系模式合并，即在 N 端实体中增加新属性，新属性由联系对应的一端实体的主关键字和联系自身的属性构成，新增属性后原关系的主关键字不变。

5. 将概念模型向关系模型转换时，若联系转换成关系模式，则应该确定该模式的_____。

【解析】将概念模型向关系模型转换时，若联系转换成关系模式，则应该确定该模式的关键字和属性。

[参考答案] 关键字和属性。

6. 在设计数据库系统的概念模型时，可能存在三种结构冲突，它们分别是_____。

【解析】可能存在三种结构冲突：一是同一对象在不同应用中具有不同的抽象；二是同一实体对

象在不同分 E-R 图中的属性组成不一致；三是实体之间的联系在不同的分 E-R 图中为不同的类型。

[参考答案]　见解析。

7. 数据库的运行和维护工作主要由_____承担。

【解析】在数据库运行和维护阶段，对数据库经常性的维护工作主要是由数据库管理员（DBA）完成的。

[参考答案]　数据库管理员。

8. 若利用 SQL 语言的 DDL 语句将关系对应的基本表结构定义到磁盘上，这一工作应该属于数据库设计中的_____阶段。

【解析】数据库实施阶段的工作是：设计人员使用 DBMS 提供的数据定义语言和其它实用程序工具将数据库逻辑设计和物理设计的结果严格描述出来，当成 DBMS 可以接受的源代码，再经过调试产生目标模式，完成建立定义数据库结构的工作。

[参考答案]　实施。

9. 你认为数据库结构设计最重要的阶段是_____阶段和_____阶段。

【解析】纵观整个数据库设计过程，数据库结构设计最重要的阶段应该是数据库的概念结构设计和逻辑结构设计这两个阶段。

[参考答案]　概念结构设计，逻辑结构设计。

10. 由于子模式与模式是相对独立的,因此在定义用户子模式时可以着重考虑用户的_____、_____和_____。

【解析】在定义用户子模式时可以着重考虑用户的习惯性、便捷性与安全性。习惯性是指使用符合用户习惯的别名。在进行各分 E-R 图合并时已进行了消除命名冲突工作，使数据库系统中同一关系和属性具有唯一的名字，这在设计数据库整体结构时是非常必要的。便捷性是指简化用户对系统的使用，如果某些局部应用经常要使用某些很复杂的查询，为方便用户，可以将这些复杂查询定义为视图，用户每次只对定义好的视图进行查询。安全性是指针对不同级别的用户定义不同的外模式，以满足系统对安全性的要求。

[参考答案]　习惯性，便捷性，安全性。

7.2.3　问答题

1. 在数据库设计中，建立 E-R 模型时如何区分实体和属性？

【解析】在给定的应用环境中，可遵循以下准则来划分实体和属性：

（1）属性与它所描述的实体之间只能是单值联系，即联系只能是一对多的。

（2）属性不能再有需要进一步描述的性质。

（3）作为属性的数据项，除了它所描述的实体之外，不能再与其它实体具有联系。

2. 什么是数据库的概念结构设计？有何特点和设计策略？

【解析】数据库的概念结构设计是将系统需求分析得到的用户需求抽象为信息结构即概念模型的过程，设计的结果是数据库的概念模型。概念结构设计能真实、充分地反映现实世界，包括事物和事物之间的联系，是对现实世界模拟的一个真实模型；概念结构设计易于理解、易于更改和扩充；更重要的是概念结构容易向各种数据模型（如关系数据模型）转换。

3. 概念结构设计通常有哪 4 种方法？

【解析】概念结构设计通常使用的 4 种方法是：自顶向下的设计方法、自底向上的设计方法、逐步扩张的设计方法、混合策略的设计方法。其中，最常用的策略是自底向上方法，即自顶向下地进行需求分析，然后再自底向上地设计数据库概念结构。

4．在合并局部的 E-R 图过程中，可能存在哪几种命名冲突？

【解析】命名冲突主要有两种：同名异义冲突和异名同义冲突。其中，同名异义冲突指不同意义的对象在不同的局部应用中使用相同的名字；异名同义冲突指意义相同的对象在不同的局部应用中有不同的名字。

5．什么是数据库的逻辑结构设计？有哪些设计步骤？

【解析】把概念模型结构转换成某个具体的 DBMS 所支持的数据模型，称之为数据库的逻辑结构设计。数据库的逻辑结构设计分为 3 个步骤：

（1）把概念结构模型转换为一般的数据模型，如关系、网状、层次模型。

（2）将一般的数据模型转换成特定的 DBMS 所支持的数据模型。

（3）通过优化方法将数据模型进行优化。

6．数据库逻辑设计的结果唯一吗？

【解析】数据库逻辑设计的结果不是唯一的。利用映射规则初步得到一组关系模式集后，还应该适当地修改、调整关系模式的结构，以进一步提高数据库应用系统的性能。

7．什么是 DBS 中的数据库字典？它有哪些作用？

【解析】数据库字典是 DBS 中记载数据的描述信息和管理信息的数据库。数据库字典的主要作用是：提供 DBMS 快速查找有关对象的信息；提供 DBA 查询整个系统的运行情况；提供系统分析和数据库重构、扩充和重新设计工作所需的信息。

8．在数据库物理结构中，存储着哪几种形式的数据结构？

【解析】在数据库物理结构中，数据在磁盘上的组织仍然是文件。存储着 4 类数据：数据文件、索引文件、数据字典和统计数据文件。

9．什么是聚簇索引存取方法？举例说明建立聚簇的必要性。

【解析】为了提高某个属性（或属性组）的查询速度，把该属性或属性组上具有相同值的元组集中存放在连续的物理块上的处理称为聚簇，这个属性或属性组称为聚簇码。

建立聚簇可以大大提高按聚簇码进行查询的效率。例如，假设要查询计科系的所有学生名单，若计科系学生人数为 200，在极端情况下，这 200 名学生对应的数据元组分布在 200 个不同的物理块上。尽管对学生关系已按所在系别建立了索引，由索引很快找到计科系学生的元组标识，避免了全表扫描，但是再由元组标识去访问数据块时就要存取 200 个物理块，执行 200 次 I/O 操作。如果将同一个系的学生元组集中存放，则每读一个物理块就可得到多个满足查询条件的元组，从而减少了访问磁盘的次数。

10．数据库的维护工作包括哪 4 个方面的内容？

【解析】数据库的维护工作包括：① 数据库的转储和恢复；② 数据库的安全性、完整性控制；③ 数据库性能的监督、分析；④ 数据库结构的重组织与重构造。

7.2.4　应用题

1．在教师指导学生过程中，教师通过指导与学生发生联系，假定在某个时间某个地点一位教师可指导多个学生，但某个学生在某一时间和地点只能被一位教师所指导。假定：

"教师"实体包括教师号、姓名、性别、职称、专业属性；

"学生"实体包括学号、姓名、性别、专业、籍贯属性；

"指导"包括时间、地点属性。

试画出教师与学生联系的 E-R 图。

【解析】根据题意，教师与学生联系的 E-R 图如图 7-1 所示。

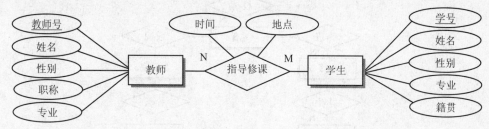

图 7-1 教师与学生联系的 E-R 模型

2. 一个售书系统中有三个实体集，假定：

书店：书店名、地址、电话、经理名；

图书：书号、书名、数量、单价、作者名；

出版社：出版社名、社长姓名、性别、地址、电话。

一个书店销售多种图书，一种图书可由多个书店销售；一个出版社可出版多种图书，一种图书仅由一个出版社出版。试设计该系统的 E-R 模型。

【解析】根据题意设计的 E-R 模型如图 7-2 所示。

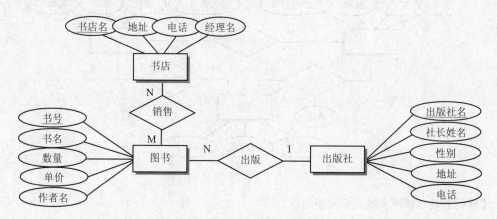

图 7-2 图书销售系统 E-R 模型

3. 学校中有若干系，每个系有若干班级和教研室，每个教研室有若干教师，其中有的教授和副教授每人各带若干研究生，每个班有若干学生，每个学生选修若干课程，每门课程可由若干学生选修。请用 E-R 图表达其概念模型，并将其转换为关系模型。

【解析】根据题意，概念模型 E-R 图（省略了实体的属性）如图 7-3 所示。其关系模型如下：

系部(系号，系名，学校名)

班级(班级号，班级名，系号)

教研室(教研室代号，教研室名称，系号)

学生(学号，姓名，性别，班级号，教师工号)

课程(课程代号，课程名称)

教师(教师工号，姓名，职称，教研室代号)

选课(学号，课程代号，成绩)

其中：关键字 1 用 "＿" 表示，关键字 2 用 "〜" 表示。

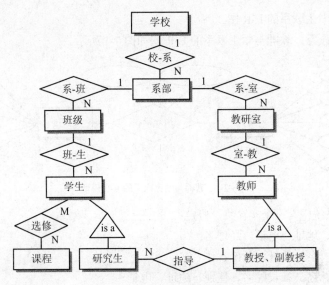

图 7-3　学校概念模型 E-R 图

4. 设有如图 7-4 所示教学管理系统数据库 E-R 图，请将其转换为关系模型。

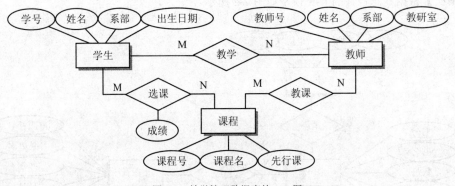

图 7-4　教学管理数据库的 E-R 图

【解析】教学管理系统关系模型为：

学生(学号，姓名，系，出生日期)；　教师(教师号，姓名，系，教研室)；

课程(课程号，课程名，先行课)；　教学关系(教师号，学号)；

选课关系(学号，课程号，成绩)；　教课关系(教师号，课程号)；

§7.3　技能实训

本章安排两个实训项目：在线考试系统的设计和数据导入与导出。通过这两个实训项目，掌握数据库系统设计的基本思想、基本内容、基本方法和基本步骤。

7.3.1　在线考试系统的设计

【实训背景】

计算机与网络技术的迅猛发展和日益普及，使得无纸化办公、无纸化通信、无纸化考试等得以实现。在教育系统，基于 Web 的在线考试系统已成为现实。

与传统的考试方式相比，基于 Web 的在线考试系统可以充分发挥网络的优势，建立起题量丰富、高效快捷、易于共享的试题库，并实现动态管理、随机命题、随到随考等功能，极大地提高了教学效率和灵活度。为此，我们以构建一个基于 B/S 结构的在线考试系统为背景，实现用户管理、考生登录、答题、题库管理、试卷生成、成绩发布、查询等功能的设计。

【实训目的】

（1）掌握根据实际应用问题进行需求分析，划分系统功能模块的方法。

（2）掌握根据系统需求，绘制流程图的方法。

（3）掌握根据实际系统，进行概念结构设计、逻辑结构设计和物理结构设计的方法。

【实训内容】

（1）对给定应用系统进行功能需求分析。

（2）对给定应用系统进行作业流程分析。

（3）对给定应用系统进行概念结构设计、逻辑结构设计和物理结构设计。

【实训步骤】

1. 需求功能分析

作为一个在线考试系统，应能实现：用户管理、考生登录、答题、题库管理、试卷生成、成绩发布、查询等功能。具体说，该系统应当实现以下一些主要功能：

（1）考生相关功能：考生的注册、登录、答题、提交试卷、成绩查询等。

（2）试卷生成和评分功能：根据最新设置的试卷结构，随机从试题库中生成试卷；根据考生提交的答案来对照正确答案并给出分数；试卷的维护功能。

（3）试题库的管理功能：试题（判断题、选择题和填空题）的增加、修改、删除等功能。

（4）其它管理功能：成绩统计、学生信息的查询与管理、学生补考功能等。

根据上面的功能，我们可以将整个系统划分为前后台共五个功能模块，前台包括考生注册和考生考试两大功能模块，后台包括管理员信息管理、题库管理、考试管理三大功能模块。系统的功能模块结构如图 7-5 所示。

其中，考生注册模块主要用于新生的注册，以便于能取得今后考试的资格；考生考试模块主要实现考生登录、答题、交卷、以往成绩查询和查看以往考卷答案等功能；题库管理主要用于对不同类型的试题进行增加、删除、修改等管理功能，目前能支持的题型限于选择题、判断题和填空题；考试管理模块主要用于设置试卷的题型、分数，生成试卷，补考设置等。还包括对考试成绩的查询和统计、对考生信息的查询和维护等功能。

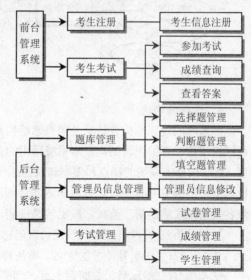

图 7-5　在线考试系统功能模块的划分

2. 系统工作流程设计

为了便于在线考试系统的编程实现，根据上述的功能分析和模块划分，可以从考生考试（前台）和管理员（教师）管理（后台）这两个方面来分析在线考试系统的主要工作流程。

（1）考生考试工作流程：考生参加在线考试的工作流程如图 7-6 所示。

（2）管理员管理工作流程：教师作为管理员在后台管理的工作流程如图 7-7 所示。

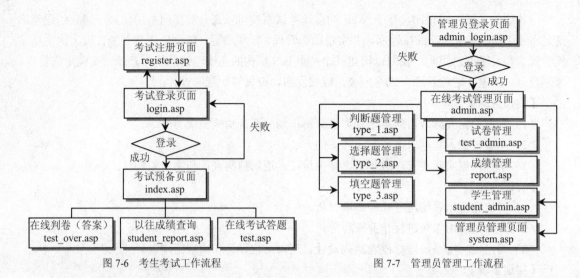

图 7-6 考生考试工作流程　　　　　　　　　图 7-7 管理员管理工作流程

3. 概念结构设计

概念结构设计是数据库设计的核心，它是将系统需求分析得到的用户需求抽象为信息结构的过程。在线考试系统主要包含考生信息和试卷信息两个实体集，用 E-R 图来表示。受篇幅限制，E-R 图中的部分属性及其它次要实体的 E-R 图省略，本系统的 E-R 图如图 7-8 所示。

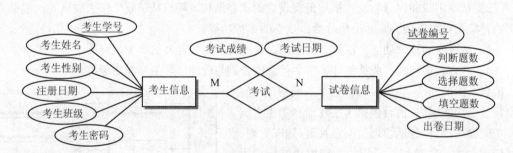

图 7-8 在线考试系统的 E-R 图

4. 逻辑结构设计

数据库的逻辑结构设计就是把概念结构设计阶段设计好的基本 E-R 图转换为与系统所支持的数据模型相符合的逻辑结构。本系统采用的是关系数据库，因此首先需要将 E-R 图转换为关系模型，然后根据本系统的特点和限制转换为系统支持的数据模型，并进行优化。根据数据库概念结构设计中得出的总 E-R 图，可以看出各实体间的联系，结合函数依赖、对数据库进行规范化的设计，使各关系模式满足第三范式。按照转换规则，可以得到如下关系模式：

管理员信息(<u>管理员姓名</u>，管理员密码)：

考生信息(<u>学生学号</u>，考生姓名，考生密码，考生性别，考生班级，注册日期)；

试卷信息(<u>试卷编号</u>，判断题数量，判断题每题分数，选择题数量，选择题每题分数，填空题数量，填空题每题分数，出卷日期)；

考试信息(<u>试卷编号</u>，<u>考生学号</u>，考生成绩，考试日期，是否补考，补考成绩，补考日期)；

判断题信息(<u>判断题编号</u>，判断题内容，正确答案，添加日期)；

选择题信息(<u>选择题编号</u>，选择题内容，正确答案，添加日期)；

填空题信息(<u>填空题编号</u>，填空题内容，正确答案，添加日期)；

5. 物理结构设计

本系统使用的数据库管理系统是 SQL Server 2008，根据关系数据库结构设计的结果，可以在
SQL Server 2008 中进行数据库的具体设计。我们在 SQL Server 2008 中创建名为 test 的数据库，并
在其中建立以下 7 个数据库表，如表 7-1 至表 7-7 所示。

表 7-1　管理员信息表 admin

字段名称	数据类型	字段长度	说明	字段值约束
admin	nvarchar	10	管理员姓名	主关键字
adminpassword	nvarchar	6	密码	不能为空

表 7-2　考生信息表 student

字段名称	数据类型	字段长度	说明	字段值约束
studentnumber	nvarchar	8	考生学号	主关键字
studentname	nvarchar	10	考生姓名	不能为空
studentpassword	nvarchar	6	考生密码	不能为空
sex	char	2	考生性别	可以为空
class	nvarchar	30	考生班级	可以为空
registerdate	smalldatetime		注册日期	可以为空

表 7-3　考试信息表 examination

字段名称	数据类型	字段长度	说明	字段值约束
examinationid	int		试卷编号	主关键字
studentnumber	nvarchar	8	考生学号	主关键字
score	int		考生成绩	可以为空
examinationdate	smalldatetime		考试日期	可以为空
pass	bit		是否补考	可以为空
makeup	int		补考成绩	可以为空
makeupdate	smalldatetime		补考日期	可以为空

表 7-4　试卷信息表 testpaper

字段名称	数据类型	字段长度	说明	字段值约束
examinationid	Int		试卷编号	主关键字
rightorwrongid	Int		判断题数量	可以为空
rightorwrongscore	Int		判断题每题分数	可以为空
selectid	Int		选择题数量	可以为空
selectscore	Int		选择题每题分数	可以为空
filling	Int		填空题数量	可以为空
fillingscore	Int		填空题每题分数	可以为空
setupdate	smalldatetime		出卷日期	可以为空

表 7-5　判断题信息表 rightorwrong

字段名称	数据类型	字段长度	说明	字段值约束
rightorwrongid	int		判断题编号	主关键字
question	nvarchar	250	判断题内容	可以为空
answer	bit		正确答案	可以为空
setupdate	smalldatetime		添加日期	可以为空

表 7-6　选择题信息表 select

字段名称	数据类型	字段长度	说明	字段值约束
selectid	int		选择题编号	主关键字
question	nvarchar	250	选择题内容	可以为空
answer	bit		正确答案	可以为空
setupdate	smalldatetime		添加日期	可以为空

表 7-7　填空题信息表 filling

字段名称	数据类型	字段长度	说明	字段值约束
fillingid	int		填空题编号	主关键字
question	nvarchar	250	填空题内容	可以为空
answer	bit		正确答案	可以为空
setupdate	smalldatetime		添加日期	可以为空

完成上述过程后，便可进入数据库设计的实施阶段，编写程序代码、调试、运行和维护。

7.3.2　数据的导入和导出

【实训背景】

数据库中的数据信息存储在数据表中，目前使用最多的是 Access 和 Excel 数据表。为了充分利用数据源，常常需要进行数据的导入和导出操作。

数据的导入是指从外部数据源（例如 ASCII 文件、Access、Excel）引入到 SQL Server 的过程，即把其它系统中的数据导入到 SQL Server 数据库中；而数据的导出是将 SQL Server 数据库中的数据转换为用户指定格式的过程，即把数据从 SQL Server 数据库中引到其它数据库中。

SQL Server 2008 提供了数据导入、导出向导。利用这些向导，可以方便地实现同构或异构数据源之间的数据传输，而且在传输时可以对数据进行处理，例如对数据进行筛选、合并、分解等操作。由于是图形操作界面，因而使数据导入和导出操作既直观，又简单。

【实训目的】

（1）掌握用企业管理器在 SQL Server 之间导入/导出数据的方法。

（2）掌握用企业管理器在 SQL Server 和 Access 之间、SQL Server 和 Excel 之间、SQL Server 和文本文件之间导入/导出数据的方法。

【实训内容】

（1）利用企业管理器在 SQL Server 之间导入/导出数据。

（2）利用企业管理器在 SQL Server 和 Access 之间导入/导出数据。

（3）利用企业管理器在 SQL Server 和 Excel 之间导入/导出数据。

（4）利用企业管理器在 SQL Server 和文本文件之间导入/导出数据。

【实训步骤】

1. 利用企业管理器在 SQL Server 之间导入/导出数据

将 book 数据库中的读者表、图书表和借阅表复制到同一个数据库中，复制后的表名分别为读者 1、图书 1 和借阅 1。

① 展开企业管理器，指向要复制数据的数据库结点 book，右击鼠标，选择"所有任务"，然后选择"导出数据"命令。

② 在"数据源"下拉列表框中选择数据源类型为"用于 SQL Server 的 Microsoft OLEDB 提供程序"，在"数据库"下拉列表框中选择源数据库 book。

③ 在"目的"下拉列表框中选择导入数据的数据格式类型，此处选择"用于 SQL Server 的 Microsoft OLEDB 提供程序"，在"数据库"下拉列表框中选择源数据库 book，单击"下一步"按钮，进入选择数据复制方式对话框。

④ 选择"从源数据库复制表和视图"，选择导出数据的读者、借阅和图书三个表，在目的列表中修改复制以后的表名分别为读者 1、借阅 1 和图书 1。

⑤ 选择"立即运行"，提示导出数据进度和完成情况，单击"完成"按钮完成数据导出。

2. 利用企业管理器在 SQL Server 和 Access 之间导入/导出数据

① 在 D:\jxw 目录下创建 Access 的空白数据库 test1.mdb。

② 展开企业管理器，指向要导出数据的数据库结点 book，右击鼠标，选择"所有任务"，然后选择"导出数据"命令。

③ 在"数据源"下拉列表框中选择数据源类型为"用于 SQL Server 的 Microsoft OLEDB 提供程序"，在"数据库"下拉列表框中选择源数据库 book。

④ 在"目的"下拉列表框中选择导出数据的数据格式类型，此处选择"Driver do Microsoft[*.mdb]"，在"用户/系统 DSN"下拉列表框中指定目标文件，或单击"新建"按钮选择事先创建好的目标文件 test1.mdb，单击"下一步"按钮。

⑤ 选择"从源数据库复制表和视图"，选择导出数据的读者、借阅和图书三个表。

⑥ 选择"立即运行"，完成数据的导出。

§7.4　知识拓展——知识库系统和专家数据库系统

人工智能（Artificial Intelligence，AI）的研究与发展，极大地促进了数据库应用系统的研究与发展。知识库系统和专家数据库是人工智能在数据库技术应用领域的典型应用。

7.4.1　知识库系统

知识库系统是数据库和人工智能两种技术相结合的产物，是数据库研究的热门课题之一。数据库和人工智能是计算机科学中两个十分重要的领域，它们相互独立发展，在各自的领域均取得突出成就并获得了广泛的应用。

1. 知识库系统的概念

知识库（Knowledge Base，KB）是知识工程中结构化、易操作、易利用、全面有组织的知识集群，是针对某一（或某些）领域问题求解的需要，采用某种（或若干）知识表示方式在计算机存储器中存储、组织、管理和使用的互相联系的知识片集合。这些知识片包括与领域相关的理论知识、事实数据，由专家经验得到的启发式知识，如某领域内有关的定义、定理和运算法则以及常识性知识等。由于知识库的概念是来自数据库和人工智能（及其分支——知识工程）这两个不同的领域，因此数据库界（从数据库的角度引入 AI 技术）和人工智能界（从 AI 的角度引入数据库技术）对知识库有着不同的理解和定义。

例如，J.D.Ullman 定义一个知识库系统是具有如下两种特征的逻辑程序设计系统：一是有一个既作为查询语言，又作为宿主语言的描述性语言；另一个是支持数据库系统的主要功能，如支持大批量的数据的高效存取、数据共享、并发控制及错误恢复等。而 D.H.Warren 对知识库系统的定义是：一个知识库系统是能够有效地处理中等规模知识库（由 3000 个谓词、3 万条规则和 300 万个事实组成，总存储量达 30MB）的逻辑程序设计系统。

2．知识库系统的实现

以上知识库系统的定义代表了数据库专家对知识库的理解。然而，数据库与人工智能两者各自都存在着突出的问题和矛盾。

一方面，现有的人工智能系统可以使用基于规则的知识去进行启发式搜索与推理，但却缺乏高效检索访问事实库和管理大量数据和规则的能力；另一方面，现有的数据库管理系统已发展到可以处理海量数据和大量商业事务的水平，但却缺乏表达和处理人工智能系统中常见的规则和知识，以提高数据库的演绎、推理能力。

如果将人工智能和数据库技术相结合，彼此取长补短，则既可以发挥各自的优势，又可以克服单方面研究的局限性，从而具有共同发展的广阔前景。因此，在数据库中引入人工智能的技术途径是数据库的智能化和智能化的数据库。

（1）数据库的智能化：所谓数据库的智能化，就是把数据库视为一个 AI 系统或专家系统，借鉴 AI 技术来提高 DBMS 的表达、推理和查询能力。例如：

- 用知识表示方法来描述 DBMS 中的数据模型、完整性约束条件、安全性约束条件。
- 将更多的语义信息以知识表示形式存入系统，利用知识表示与搜索方法去描述和开发复杂对象的数据库系统，以扩展数据库的应用领域。
- 开发智能化的用户界面，它能以自然语言理解的形式为用户使用数据库提供灵活、方便、友好的用户界面，建立数据库的用户界面管理系统，提供用户使用数据库的经验和知识。

（2）智能化的数据库：所谓智能化的数据库，就是扩大数据库的功能，使其不但具有传统数据库的现有功能，还具有一些 AI 能力，以提高数据库的演绎、推理功能和智能化的程度。例如：

- 数据库的演绎功能：能从现有的数据库的数据中演绎和导出一些新数据，具有这种功能的数据库称为演绎数据库系统。
- 数据库的搜索功能：将数据库中的操作与 AI 中的问题求解、搜索技术结合，适当扩充其功能，使数据库具有智能搜索能力。
- 数据库的问题求解能力：扩大数据库功能，使之成为能共享信息的，面向知识处理的问题求解系统，这种系统称为专家数据库系统。
- 数据库的归纳功能：能将数据库中的数据归纳成规则，存入知识库，进一步可使数据库具有学习能力。
- 数据库的知识管理能力：在数据库管理事实（数据）的基础上加以扩充，使其具有管理规则的功能，即管理知识的能力，从而形成一个知识库及知识库管理系统。

通常，从数据库角度引入 AI 技术来开发具有智能的数据库系统，主要是从逻辑程序设计的观点出发进行知识库系统的研究，以改进和扩充数据库的功能和执行效率。其功能体现在演绎（推理）能力的扩充、语义知识的引入、知识的获取、知识和数据的有效组织及管理等方面；而效率则体现在数据库对用户查询的快速响应与查询优化上。

从 AI 角度所理解的知识库系统则更为广泛，通常是指利用人类所认识的各种知识进行推理、联想、学习和问题求解的智能计算机信息系统。在 AI 研究中，将数据定义为特定实例（事实）的信息，而知识则定义为一般（抽象）概念信息。从 AI 角度来看待的知识库系统，其主要操纵和管理的对象是知识。

目前，多数数据库工作者将知识库系统视为智能数据库系统来看待。但多数 AI 工作者认为，由于知识库和智能数据库操纵和管理的对象不同（是数据还是知识），加之目前在 AI 领域知识库已成为实现专家系统及其它知识处理系统的主要组成部分而独立出来成为一门学科，因此他们主张将知识库系统与智能数据库系统区别开来。图 7-9 是知识库系统的逻辑结构示意图。

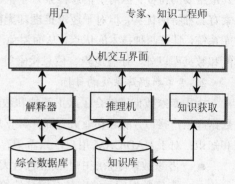

图 7-9　知识库系统的逻辑结构示意图

3. 知识库系统的特点

知识是人类智慧的结晶。知识库使基于知识的系统（或专家系统）具有智能性。并不是所有具有智能的程序都拥有知识库，只有基于知识的系统才拥有知识库。现在许多应用程序都利用知识，其中有的还达到了很高的水平。但是，这些应用程序可能并不是基于知识的系统，它们也不拥有知识库。一般的应用程序与基于知识的系统之间的区别在于：一般的应用程序是把问题求解的知识隐含地编码在程序中，而基于知识的系统则将应用领域的问题求解知识显式地表达，并单独地组成一个相对独立的程序实体。知识库的特点如下：

- 知识库中的知识根据它们的应用领域特征、背景特征（获取时的背景信息）、使用特征、属性特征等被构成便于利用的、有结构的组织形式。知识片一般是模块化的。
- 知识库的知识是有层次的。最低层是"事实知识"，中间层是用来控制"事实"的知识（通常用规则、过程等表示）；最高层是"策略"，它以中间层知识为控制对象。策略也常常被认为是规则的规则。因此知识库的基本结构是层次结构，是由其知识本身的特性所确定的。在知识库中，知识片间通常都存在相互依赖关系。规则是最典型、最常用的一种知识片。
- 知识库中可有一种不只属于某一层次（或者说在任一层次都存在）的特殊形式的知识——可信度（或称信任度、置信测度等）。对某一问题，有关事实、规则和策略都可标以可信度。这样，就形成了增广知识库。在数据库中不存在不确定性度量。因为在数据库的处理中一切都属于"确定型"的。

知识库中还可存在一个通常被称为典型方法库的特殊部分。如果对于某些问题的解决途径是肯定和必然的，就可以把其作为一部分相当肯定的问题解决途径直接存储在典型方法库中。这种宏观的存储将构成知识库的另一部分。在使用这部分时，机器推理将只限于选用典型方法库中的某一层次部分。另外，知识库也可以在分布式网络上实现。

事实表明，推动数据库技术前进的原动力是应用需求和硬件平台的发展。正是这些应用需求的提出，推动了特种数据库系统的研究和新一代数据库技术的产生和发展。而新一代数据库技术也首先在这些特种数据库中发挥了作用，得到了应用。

7.4.2 专家数据库系统

专家数据库系统（Expert Database System，EDS）是数据库与人工智能技术相结合的产物，是一种新型的数据库系统。

1. 专家数据库系统的概念

人工智能是研究计算机模拟人的大脑思维和模拟人的活动的一门科学，因此逻辑推理和判断是其最主要的特征，但对于信息检索效率很低。数据库技术是数据处理的最先进的技术，对于信息检索有其独特的优势，但对于逻辑推理却无能为力。因此，数据库与人工智能技术相结合的专家数据库系统，具有两种技术的优点，从而避免了各自的缺陷。专家数据库系统所涉及的技术除了人工智能和数据库以外，还有逻辑、信息检索等多种技术和知识。

2. 专家数据库系统的目标

由于专家数据库结合了人工智能和数据库技术的优点，因而对于临时用户，希望系统具有智能数据库用户接口、能够存取大型联邦数据库；对于商业用户，希望提供专业竞争必需的信息、数据和知识；对于 CAD/CAM 用户，只希望存取异质联邦数据库。专家数据库的研究目标为：

- 专家数据库系统中不仅应包含大量的事实，而且应包含大量的规则。
- 专家数据库系统应具有较高的检索和推理效率，满足实时要求。
- 专家数据库系统应不仅能检索，而且能推理。
- 专家数据库系统应能管理复杂的类型对象，如 CAD、CAM、CASE 等。
- 专家数据库系统应能进行模糊检索。

3. 专家数据库系统的结构组成

由于专家数据库是数据库和人工智能技术相结合的产物，因而有两种系统结构形式：一种是以数据库为核心的 EDS，另一种是以人工智能技术为核心的 EDS。

（1）以数据库为核心的 EDS：以数据库为核心的 EDS 结构如图 7-10 所示。在这种结构下，用户界面是个专家系统，而不是外模式，所以智能化程度很高。其次，内核是个分布式数据库管理系统，底层是影像处理、有限元分析处理。

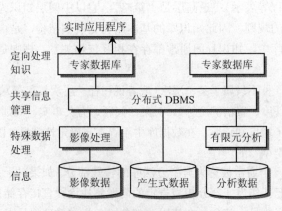

图 7-10 以数据库为核心的 EDS 结构

（2）以人工智能为核心的 EDS：以人工智能为核心的 EDS 结构如图 7-11 所示。它与以数据库为核心的 EDS 结构相比，中间多了一层黑板系统，这是人工智能的主要特色。

无论是以数据库为核心的 EDS，还是以人工智能为核心的 EDS，都要依赖于人工智能技术来实现。在数据库技术中引入人工智能技术，多年来都是沿着数据库的智能化和智能化的数据库这两个途径发展的。

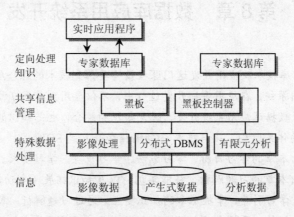

图 7-11　以人工智能为核心的 EDS 结构

7.4.3　知识库系统与专家数据库系统的区别

上面介绍了知识库系统和专家数据库系统。从某种意义上讲，知识库系统、专家系统、专家数据库系统都是人工智能这根"藤"上的"瓜"。知识库系统和专家数据库系统都是数据库技术与人工智能技术的结合体，其区别只在于人工智能在不同系统中承担的任务不同而已。

知识库系统是以知识作为数据库中的主要内容，从某种意义上讲，它与专家系统是相似的。专家系统的问题求解过程是通过知识库中的知识来模拟专家的思维方式的，因此，知识库是专家系统质量是否优越的关键所在，即知识库中知识的质量和数量决定着专家系统的质量水平。

专家数据库系统是在数据库中嵌入人类专家知识，使系统既能发挥数据处理能力强的优点，又具有逻辑推理的特点。

模拟人类专家对问题的求解（知识推理）过程的计算机应用系统，一直是人工智能理论与应用最成功的领域。至于什么是知识库系统？什么是专家数据库系统？目前尚无公认的定义，但研究者们比较一致的粗略定义是：专家系统是一个智能的计算机程序，它运用知识和推理步骤来解决只有专家才能解决的复杂问题，任何解题能力达到了同领域人类专家水平的计算机程序都可以称作专家系统。

人们期望新一代数据库系统能够提供丰富而又灵活的建模能力，具有人类智能和逻辑推理的自适应功能以及具备强大而又快速处理大量数据的系统功能，从而能针对不同应用领域的特点，利用通用的系统模块比较容易地构造出多种多样的特种数据库系统。

第8章 数据库应用系统开发

【问题描述】数据库技术及应用开发这门课程最终要落到技术的综合应用上。这个综合应用就是开发一个数据库应用系统。在应用系统开发过程中，不仅要用到前面7章所学的知识，而且还涉及与开发相关的知识。数据库应用系统开发，既是知识的综合，也是知识的拓展和提升。具体内容包括数据库应用系统的体系结构、接口技术、C#编程和嵌入式SQL。

【辅导内容】给出本章的学习目标、学习方法、学习重点、学习要求、关联知识，以及相关概念的区分。然后，给出本章的习题解析、技能实训，以及知识拓展（主动数据库和模糊数据库）。

【能力要求】通过学习引导，掌握本章的知识要点；通过习题解析，掌握开发数据库应用系统的相关知识；通过知识拓展，了解主动式数据库和嵌入式数据库的基本概况。通过本章学习，为下一章课程设计奠定基础。

§8.1 学习引导

学习数据库技术的目的不仅要充分利用数据库技术提高数据管理效率，更为重要的是能开发出适合用户需要的数据库应用系统。数据库应用系统开发是在掌握数据库基本原理的基础上，选择适合的网络体系结构、应用程序接口、嵌入式SQL，然后选用适合的计算机语言访问数据库。

8.1.1 学习导航

1. 学习目标

本章从开发者的角度而不是管理者的角度来看待数据库，围绕数据库的应用开发展开，介绍数据库系统的体系结构的演变及其现状，讨论数据库应用程序接口和嵌入式SQL，并通过具体的代码介绍数据库开发的过程。本章的学习目标：一是理解软件开发体系结构变迁的驱动力；二是了解当前主要的软件开发体系结构的思想，三是熟悉访问数据库的常用方法，并能够使用某种数据库访问技术进行简单的数据库应用开发。

2. 学习方法

在学习数据库系统的体系结构时，可以将自己使用过的应用程序或系统对号入座，通过具体的应用来理解不同体系结构的特点；在学习数据库访问技术时要联系程序开发实践来加深理解，不要求掌握每种数据库访问技术，但要求能够使用某种主流的数据库访问技术来进行数据库应用开发；在学习嵌入式SQL时，要联系所熟悉的程序设计语言的功能特点，并将其作为宿主语言与SQL语句联用。

3. 学习重点

本章的知识重点和难点是数据库应用系统体系结构和数据库连接技术。关于数据库连接技术，不要求一定要掌握C#一类编程技术，但至少要掌握某种开发环境下的一种数据库访问技术。此外，应掌握一种建模工具，为开发数据库应用系统提供方便。

4. 学习要求

数据库应用系统开发涉及到数据库技术的方方面面，除了数据库的基本原理之外，还涉及嵌入式 SQL、数据库应用系统的体系结构、数据库应用程序接口、数据库访问技术等。因此，不仅要求开发者具有坚实的理论基础，还要求具有宽广的知识面。事实上，开发计算机中的任一应用系统，都涉及多门课程知识。从这个角度讲，应用开发形如一条知识的纽带，也形如一座知识的桥梁。而在开发过程中所涉及的知识，需要开发者具有随时学习的精神和自学提高的能力。

5. 关联知识

开发数据库应用系统，除了要掌握数据库系统体系结构、SQL、SQL Server 2008、数据库应用系统程序接口（ODBC、ADO、ADO.NET、JDBC）之外，还应熟练掌握一门典型的编程语言。目前，用做嵌入式 SQL 宿主语言的程序设计语言有 VB/VB.NET、C/C++/C#、Java 等。

（1）VB/VB.NET 语言：VB.NET 是 VB 的后续产品，是 Windows 操作系统下常用的程序设计语言，也是常用的数据库系统开发工具。VB.NET 提供了功能强大的数据库管理功能，能方便、灵活地完成数据库应用中涉及的诸如建立数据库、查询和更新等操作。

VB.NET 开发环境提供了设计、开发、编辑、测试和调试等功能，用户使用该集成开发环境可以快速、方便地开发应用程序。

（2）C/C++/C#语言：C#语言是由 Microsoft 开发的一种功能强大的、简单的、现代的、面向对象的全新语言，是 Microsoft 新一代开发工具的经典编程语言，由于它是从 C 和 C++（通常的编程环境为 VC++）语言中派生出来的，因此具有 C 和 C++语言的强大功能。

VB 或 VC 中的 V 代表 Visual，指的是采用可视化的开发图形用户界面的方法，一般不需要编写大量代码去描述界面元素的外观和位置，而只需要把所用控件拖放到屏幕上的相应位置即可方便地设计图形用户界面。

（3）Java 语言：Java 是网络环境下重要的编程语言。由于 Java 语言具有健壮、安全、易使用、易理解和分布式计算等优点，因此，它是数据库应用的一个极好的基础语言。现在需要找到一种能使 Java 应用与各种不同数据库对话的方式，而 JDBC 正是实现这种对话的一种机制。JDBC 是面向对象的接口标准，它是对 ODBC API 进行的一种面向对象的封装和重新设计。它的主要功能是管理存放在数据库中的数据，通过对象定义了一系列与数据库系统进行交互的类和接口。通过接口对象，应用程序可以完成与数据库的连接、执行 SQL 语句、从数据库中获取结果、获取状态及错误信息、终止事务和连接等。

8.1.2 相关概念的区分

开发数据库应用系统，是提高学生综合应用能力的有效手段。在本章学习过程中，应注意以下概念的区别。

1. 数据库应用系统与数据库系统的区别

数据库应用系统是指在数据库管理系统支持下运行的一类计算机应用程序，例如教学管理系统、图书管理系统、财务管理系统等都是典型的数据库应用系统；数据库系统是由数据库应用系统、计算机硬件支持系统、计算机软件支持系统，以及数据库相关人员构成的系统。数据库系统包含了数据库应用系统。

2. 数据库设计与数据库应用系统设计的区别

数据库设计是在给定的应用环境下，构造优化的数据库逻辑结构和物理结构，并以此建立数据库及其应用系统，使之能够有效地存储和管理数据，满足各种用户对信息管理和数据操作的需求。数据库设计的具体内容主要包括需求分析、概念结构设计、逻辑结构设计、物理结构设计、数据库的实施与维护。其中，最为重要的是建立数据模型。模型是一种抽象的概念，是对客观事物的简化，模型提供了系统实现的蓝图。

数据库应用系统设计是以数据库为基础，构建处理各种复杂信息的管理信息系统，它以优异的性能、简便的访问方式、标准化的访问接口为设计目标。

数据库设计的重点是数据模型，而数据库应用系统设计的重点是体系结构和应用程序。随着数据库应用领域的不断拓展，数据库技术的不断完善，以数据库为基础的应用系统开发正在不断发展和完善。应用系统的设计建立在数据库设计的基础之上，而数据库设计又以应用系统的设计为参考。数据库设计和应用系统设计的有机结合，是提高数据库应用系统性能品质的重要前提。

§8.2　习题解析

8.2.1　选择题

1. 在数据库应用系统中，数据库和（　　）是整个应用软件进行数据存取、管理、查询和优化的基础。

　　　A．数据库软件　　　B．数据库系统　　　C．数据库程序　　　D．数据库管理系统

【解析】在数据库应用系统中，数据库和数据库管理系统（DBMS）是整个应用软件进行数据存取、管理、查询和优化的基础。应用软件系统是建立在一体化的 DBMS 和数据库基础之上的。

[参考答案] D。

2. 在客户机/服务器结构中，客户端运行用户的应用软件，服务器端运行（　　）。

　　　A．系统软件　　　B．应用程序　　　C．网络协议　　　D．数据库管理系统

【解析】在客户机/服务器结构中，整个应用软件系统在逻辑上划分为两个部分：客户端和服务器端。客户端运行用户的应用软件，服务器端运行 DBMS。客户端和服务器端一般安装在不同的计算机系统中，通过网络线路进行物理连接。值得注意的是，对于非常简单的应用系统，或者在软件系统的开发初期，为了方便开发和维护可以将这两个部分安装在同一台计算机中，但其逻辑功能是完全独立的。

[参考答案] D。

3. 数据库应用系统的基本组成包括操作系统、数据库、数据库管理系统和（　　）。

　　　A．开发工具　　　　　　　　　B．程序语言

　　　C．编译系统　　　　　　　　　D．数据库应用程序

【解析】数据库应用系统主要由操作系统、数据库、数据库管理系统和数据库应用程序所组成。

[参考答案] D。

4. 在 C/S 结构中，客户端和服务器端一般安装在不同的计算机系统中，通过（　　）进行物理连接。

　　　A．硬件设备　　　B．接口电路　　　C．中间件　　　D．网络线路

【解析】在 C/S 结构中，客户端和服务器端通过网络线路进行物理连接。由于数据库应用系统的特点，在客户机/服务器体系结构中往往存在多个客户端系统同时与一个服务器端连接的情况。

[参考答案] D。

5. 在客户机/服务器工作模式中，下列（　　）项属于服务器的任务。

　　　A．管理用户界面　　　　　　　B．产生对数据库的要求

　　　C．处理对数据库的请求　　　　D．接收用户的处理要求

【解析】在 C/S 结构的网络中，数据库系统安装在服务器中，服务器用来处理对数据库的各项请求服务。

[参考答案] C。

6. 在 B/S 模式中，根据各部分所承担的任务不同，可将整个系统分为表示层、功能层和（　　　）等 3 个相对独立的单元。

  A．逻辑层   B．物理层   C．概念层   D．数据层

【解析】在 B/S 模式中，根据各部分所承担的任务不同，可将整个系统分为表示层、功能层和数据层等 3 个相对独立的单元。数据层位于数据库服务器端，由数据库服务器组成，包含系统的数据处理逻辑。数据层的任务是接受 Web 服务器对数据库操作的请求，实现对数据库查询、修改、更新等功能，把运行结果提交给 Web 服务器。

[参考答案] D。

7. 在计算机网络中，实现应用软件与网络协议连接的部件是（　　　）。

  A．中间件   B．接口电路   C．硬件接口   D．软件接口

【解析】为了使应用程序开发人员不必研究网络底层的具体技术，而把精力全部集中到应用程序的编写上，因而在 C/S 结构和 B/S 结构中引入了标准中间件技术。

[参考答案] A。

8. 开放数据库连接（Open Data Base Connectivity，ODBC）接口由应用程序编程接口、驱动程序管理器、驱动程序和（　　　）所组成。

  A．数据源   B．数据库   C．概念层   D．数据层

【解析】ODBC 接口由应用程序编程接口、驱动程序管理器、驱动程序和数据源组成。数据源是连接 ODBC 驱动程序和数据库系统的桥梁。

[参考答案] A。

9. 使用 ADO.NET 进行数据库应用编程主要有两种方式，一种是通过 DataSet 对象和 DataAdapter 对象访问和操作数据，另一种是通过 DataReader 对象（　　　）。

  A．读取数据   B．存取数据   C．处理数据   D．修改数据

【解析】ADO.NET 是通过 DataSet 对象和 DataAdapter 对象访问和操作数据，通过 DataReader 对象读取数据。

[参考答案] A。

10. ODBC 数据源分为 3 类：用户数据源、系统数据源以及（　　　）。

  A．网络数据源   B．磁盘数据源

  C．参数数据源   D．文件数据源

【解析】用户数据源（user DSN）对计算机来说是本地的，并且只能被当前用户访问；系统数据源（system DSN）对于计算机来说是本地的，但并不是用户专用的，任何具有权限的用户都可以访问系统数据源；文件数据源（file DSN）可以由所有安装了相同驱动程序的用户共享。这些数据源不必是用户专用的，对计算机来说不必存储在本地。

[参考答案] D。

8.2.2　填空题

1. 数据库应用体系结构是指数据库软件系统与应用软件的_____。

【解析】数据库应用体系结构是指数据库软件系统与应用软件的结合模式。

[参考答案] 结合模式。

2. 集中式体系结构根据_____是支持单用户还是多用户，分为单用户数据库体系结构和多用户数据库体系结构。

【解析】集中式体系结构根据操作系统是支持单用户还是多用户，分为单用户数据库体系结构和多用户数据库体系结构。

[参考答案] 操作系统。

3. 数据库应用系统文件服务器体系结构由于 DBMS 和应用系统与独立的多个文件分离，无法保证数据的_____、_____和_____。

【解析】数据库应用系统文件服务器体系结构由于 DBMS 和应用系统与独立的多个文件分离，因而无法保证数据的一致性、完整性和安全性。

[参考答案] 一致性，完整性，安全性。

4. 在 C/S 结构中，整个应用软件系统在逻辑上划分为两个部分：客户端和服务器端。客户端运行用户的_____，服务器端运行_____。

【解析】在 C/S 结构中，客户端运行用户的应用软件，服务器端运行 DBMS。

[参考答案] 应用软件，DBMS。

5. 数据库应用程序员与数据库的接口是_____。

【解析】数据库应用程序员依据数据库的外模式编写应用程序。

[参考答案] 外模式（或子模式或用户模式）。

6. 使用 ADO.NET 进行数据库应用编程主要有两种方式，一种是通过_____对象和_____对象访问和操作数据，另一种是通过_____对象读取数据。

【解析】使用 ADO.NET 进行数据库应用编程主要有两种方式，一种是通过 DataSet 对象和 DataAdapter 对象访问和操作数据，另一种是通过 DataReader 对象读取数据。

[参考答案] DataSet，DataAdapter，DataReader。

7. 用高级语言编写的程序，必须通过_____编译，计算机硬件系统才能识别和执行。

【解析】使用高级语言编写的程序称为源程序，必须通过编译程序将源程序翻译成由二进制代码表示的可执行程序后，计算机硬件系统才能识别和执行。

[参考答案] 编译程序。

8. 在 C/S 和 B/S 模式中广泛使用中间件技术，它的作用是将_____与_____隔离开来。

【解析】在 C/S 和 B/S 模式中广泛使用中间件技术，将应用与网络隔离开来，使应用程序开发人员不必研究网络底层的具体技术，而把精力全部集中到应用程序的编写上。

[参考答案] 应用，网络。

9. 连接 ODBC 驱动程序和数据库系统的桥梁是_____。

【解析】连接 ODBC 驱动程序和数据库系统的桥梁是数据源（Data Source Name，DSN）。它定义数据源名称、类型、数据库服务器名称或位置、连接参数（如数据库用户名称、密码）等信息，使 ODBC 驱动程序能够和数据库服务器协调工作。

[参考答案] 数据源（DSN）。

10. 为了将 SQL 嵌入到宿主语言中，DBMS 采用两种处理办法。一种是预编译方法，另一种是修改和扩充宿主语言使之能处理 SQL 语句。目前采用较多的是_____方法。

【解析】为了将 SQL 嵌入到宿主语言中，目前采用较多的是预编译的方法。即由 DBMS 的预处理程序对源程序进行扫描，识别出 SQL 语句，把它们转换成宿主语言调用语句，以使宿主语言编译程序能识别它，最后由宿主语言的编译程序将整个源程序编译成目标码。

[参考答案] 预编译。

8.2.3　问答题

1. 数据库系统与数据库管理系统的主要区别是什么？

【解析】数据库系统是指在计算机系统中引入数据库后的系统构成，一般由数据库、数据库管理系统、应用系统、数据库管理员和用户构成。

数据库管理系统是位于用户与操作系统之间的一层数据管理软件，是数据库系统的一个重要组成部分。

2. 何为数据库应用系统和数据库应用系统开发？

【解析】所谓数据库应用系统，就是为了完成某一个特定的任务，把与该任务相关的数据以某种数据模型进行存储，并围绕这一目标开发的应用程序。

数据库应用系统开发是指以计算机为开发和应用平台，以操作系统、数据库管理系统、某种程序设计语言和实用程序等为软件环境，以某一应用领域的数据管理需求为应用背景，采用数据库设计技术建立的一个可实际运行的、按照数据库方法存储和维护数据的、并为用户提供数据支持和管理功能的应用程序。

3. 开发数据库应用涉及哪些内容？

【解析】开发一个数据库应用系统，涉及系统模式设计、系统体系结构、应用程序接口、访问数据库的方式和系统开发平台，此外还涉及建模工具。

4. 数据库语言与宿主语言有什么区别？

【解析】数据库语言是非过程性语言，是面向集合的语言，主要用于访问数据库；宿主语言是过程性语言，主要用于处理数据。

5. 在嵌入式 SQL 中，如何区分 SQL 语句与宿主语言语句？

【解析】嵌入式 SQL 中，为了区分 SQL 语句与宿主语言语句，有前缀 EXEC SQL 和结束符分号（;）的一段 SQL 程序片段（形如：EXEC SQL<SQL 语句>;）是 SQL 语句，其它为宿主语言语句。

6. 在宿主语言的程序中使用 SQL 语句有哪些规定？

【解析】在宿主语言的程序中使用 SOL 语句有以下规定：

① 所有 SQL 语句前加上前缀标识"EXEC SQL"并以";"作为语句结束标志。

② 在嵌入式 SQL 语句中引用宿主语言的程序变量（称为共享变量），共享变量在引用时加冒号":"。

③ 用游标机制，把集合操作转换成单记录处理方式。

7. 在嵌入式 SQL 中，如何协调 SQL 语言的集合处理方式与宿主语言单记录处理方式的关系？

【解析】由于 SQL 语句处理的是记录集合，而宿主语言一次只能处理一条记录，因此需要用游标机制，把集合操作转换成单记录处理方式。

8. 在嵌入式 SQL 语言中，如何解决数据库工作单元与源程序工作单元之间的通信？

【解析】①向宿主语言传递 SQL 语句的执行状态信息，即 SQL 语句的当前工作状态和运行环境数据需要反馈给应用程序。SQL 将其执行信息送到 SQLCA（SQL 通信区）中，应用程序从 SQLCA 中取出这些状态信息，并据此信息来控制该执行的语句。

② 宿主语言使用主变量向 SQL 语句提供参数。主变量是宿主语言程序变量的简称，可分为输

入主变量和输出主变量。输入主变量由应用程序提供值，SQL 语句引用；输出主变量由 SQL 语句提供值，返回给应用程序。

③ 使用游标解决 SQL 一次一个集合的操作与宿主语言一次一条记录操作的矛盾。SQL 是面向集合的，一条 SQL 语句可以产生或处理多条记录。而宿主语言是面向记录的，一组主变量一次只能存放一条记录。为此，嵌入式 SQL 用游标来协调这两种不同的处理方式。用户可以使用游标获取逐条记录，并赋给主变量，交给宿主语言处理。

9．预处理方式对于嵌入式 SQL 的实现有什么重要意义？

【解析】预处理方式是先用预处理程序对程序进行扫描，识别 SQL 语句，并处理为宿主语言的函数调用形式；然后再用宿主语言的编译程序把源程序编译成目标程序。

10．嵌入式 SQL 语句中，何时需要使用游标？何时不需要使用游标？

【解析】① 不涉及游标的情况：如果是 INSERT、DELETE 和 UPDATE 语句，那么加上前缀标识"EXEC SQL"和结束标识";"，就能嵌入在宿主语言程序中使用。对于 SELECT 语句，如果确认查询结果是单元组时，也可直接嵌入在宿主程序中使用，此时应在 SELECT 语句中增加一个 INTO 子句，将查询结果存入对应的共享变量中。

② 必须涉及游标的情况：当 SELECT 语句查询结果是多个元组时，此时宿主语言程序无法直接使用，一定要用游标机制把多个元组一次一个地传送给宿主语言程序进行处理。

8.2.4　应用题

1．描述对嵌入式编程的理解和掌握程度。
2．描述对数据库应用系统 4 种体系结构的理解和掌握程度。
3．描述对数据库应用程序接口的理解和掌握程度。
4．描述对使用 C#.NET 开发数据库应用系统的理解和掌握程度。

以上 4 道描述题由读者自行描述，这里不予解析。

§8.3　技能实训

本章安排两个实训项目：采用 C#编写数据库应用程序和采用 ADO.NET 访问 SQL Server，完成这两个实训项目，要求了解 C#编程知识。在这两个实训项目中提供了源程序，通过程序调试，了解用 C#编写数据库应用程序和采用 ADO.NET 访问 SQL Server 的基本思想和基本方法。

8.3.1　用 C#编写数据库应用程序

【实训背景】

在编写数据库应用程序的时候，我们可以通过 SQL 语句来动态创建、修改数据库以及其中的对象。然而，单纯使用 SQL 存在如下两方面的问题：

（1）不能适用于具有过程化特征的实际应用：较复杂的实际应用都具有过程化的基本要求，需要根据不同的条件来完成不同的任务，在这方面 SQL 的扩充能力有限，同时太多过程化的扩充将导致优化能力的减弱与执行效率的降低。

（2）不能适用于对查询结果数据进行处理的要求：在数据库的许多应用过程中，不仅需要读出数据，还必须对查询得到的数据进行随机处理，这主要是由于实际应用系统越来越复杂，数据查询只是应用运作的一个部分，有关数据处理的必要操作如系统与用户的交互、数据的可视化表示、数据的复杂函数计算与处理等，除非借助于其它软件，SQL 是难以实现的。

对于上述问题，人们提出了另一种方式，把 SQL 语句嵌入到某些高级程序设计语言中，SQL 语句负责操纵数据库，高级语言负责控制程序流程，利用高级语言的过程性结构来弥补 SQL 实现复杂应用方面的不足，使其既能方便实现数据库操作，又可对数据进行随机处理。

目前，我们把能嵌入 SQL 语句的程序设计语言称为宿主语言，有 C/C++、C#、VB、Java 等。其中，C#是宿主语言中的后起之秀，在开发数据库应用程序方面的特点最为突出，因而在本教材中选用 C#作为开发数据库应用系统的工具语言。

【实训目的】

（1）通过实例程序，了解 C#与 VB、C/C++、Java 的基本区别。

（2）通过实例程序，了解 C#在开发数据库应用程序中的功能和作用。

【实训内容】

（1）在 Visual C#前台编写代码，实现从"学生表"中查找所有姓名中第二个字是"建"的学生记录。

（2）在 Visual C#前台编写代码，在"学生表"中添加一行记录。其中各个字段值如下：

学号为"20121101"，姓名为"赵建国"，专业为"计算机"，年级为"2012"，班别为"101"。

（3）在 Visual C#前台编写代码，在"成绩表"中删除指定成绩低于 80 分的记录。

【实训步骤】

1. 用 Visual C#编写调试查找程序

```
private void buttonl_Click(object sender,EventArgs e)
{ string aa= "Data Source=.;Initial Catalog=student;Integrated Security=True";
  SqlConnection con=new SqlConnection();
  con.Connection String=aa;
  string cmdText="select * from 学生 where 姓名 like '%建';
  SqlDataAdapter da=new SqlDataAdapter(cmdText,con);
  DataSet dS=newDataSet()
  try
  { con.Open();
    da.Fill(ds):
  }
  catch(Exception)
  {MessageBox.Show("对不起,刷新失败!","提示!");}
    finally
  {con.Close();}
    dataGridViewl.DataSource=ds.Tables[0].DefaultView;
}
```

2. 用 Visual C#编写调试添加程序

```
private void button2_Cliek(object sender,EventArgs e)
{ string aa="Data Source=.;Initial Catalog=student;Integrated Security=True";
  SqlConnection con=new SqlConnection();
  string cmdText="insert into 学生表(学号,姓名,专业,年级,班别)
  values('"+textBoxl.Text+"','"+textBox2.Text+"','"+textBox3.Text+"', '"+textBox4.Text+"'
        ','"+textBox5.Text+"')";
  SqlCommand cmd=new SqlCommand(cmdText,con);
  try
```

```
    { con.Open();
        cmd.Execute Non Query();
    }
    catch(Exception)
    {MessageBox.show("对不起!添加数据失败!","提示!");}
        finally
        {con.Close();}
    }
}
```

3. 用 Visual C#编写调试删除程序

```
private void button3_Click(object sender,Evnt Args e)
{ string aa= "Data Source=.;Initial Catalog=student;Integrated Security=True";
    SqlConnection con=new SqlConnection();
    con.Connection String=aa;
    string cmdText="delect from 成绩 where 成绩<80;
    SqlCommand cmd=new SqlCommand(cmdText,con);
    try
    { con.Open();
        cmd.Execute Non Query();
    }
    catch(Exception)
    {MessageBox.Show("对不起,删除数据失败!","提示!");}
        finally
    {con.Close();}
}
```

8.3.2　用 ADO.NET 访问 SQL Server

【实训背景】

ADO.NET 是微软公司 ADO（ActiveX Data Object）技术的升级版。ADO.NET 是在.NET Framework 上访问数据库的一组类库，它利用.NET Data Provider（数据提供程序）进行数据库的连接与访问。通过 ADO.NET 所提供的对象，再配合 SQL 语句，可以方便地访问数据库中的数据。

ADO 的对象模型中有五个主要的数据库访问和操作对象，分别是 Connection、Command、DataReader、DataAdapter 和 DataSet 对象。其中，Connection 对象主要负责连接数据库，Command 对象主要负责生成并执行 SQL 语句，DataReader 对象主要负责读取数据库中的数据，DataAdapter 对象主要负责在 Command 对象执行完 SQL 语句后生成并填充 DataSet 和 DataTable，而 DataSet 对象主要负责存取和更新数据。使用 ADO.NET 访问数据库的一般流程如下：

（1）建立 Connection 对象，创建一个数据库连接。

（2）在建立连接的基础上，使用 Command 对象对数据库发送查询、新增、修改和删除等命令。

（3）创建 DataReader 对象，当执行返回结果集的命令时，从结果集中提取数据。

（4）创建 DataAdapter 对象，在数据库和 DataSet 对象之间来回传输数据。

（5）创建 DataSet 对象，将 DataAdapter 对象填充到 DataSet 对象（数据集）中。如果需要，可以重复操作，一个 DataSet 对象可以容纳多个数据集。数据集的数据要输出到窗体中或者网页上，需要设定数据显示控件的数据源为数据集。

【实训目的】

（1）熟练掌握在 Windows 操作系统下配置 ODBC 数据源的方法和过程。

（2）熟练掌握在高级语言中检索、修改、添加和删除数据库中的数据。

（3）掌握使用 ADO.NET 实现对数据库访问的方法。

【实训内容】

利用 Connection、Command、DataReader、DataAdapter 和 DataSet 对象实现对 SQL Server 的访问。

【实训步骤】通过 5 个实例程序，了解 ADO.NET 访问 SQL Server 的方法。

1. 使用 Connection 对象编程

用 SQL Connection 对象的 Open 和 Close 方法实现打开连接和关闭连接。

```
SQL Connection conn=new SQL Connection();
conn .Connection String="Data Source=LONGDRAGONNOTE;
Initial Catalog=TSG;Integrated Security=True";
if(conn.State==Connection State.Closed) conn.Open();        //打开数据源连接
if(conn.State==Connection State.Open) conn.Close();         //关闭数据源连接
```

2. 利用 Command 对象编程

（1）为了获取 Student 数据库中学生的总人数，可以使用 SELECT Count(*)FROM 查询。

```
Private void buttonl_Click(object sender,Event Args e)
{ string mystr,mysql;
  sqlConnection myconn=new SQL Connection();
  sqlCommandmycmd=new sqlCommand();
  mystr="Data Source=.;Initial Catalog Student;Integrated Security=True";
  myconn.ConnectionString=mystr;
  myconn.Open();
  mysql="SELECT count(*) FROM 学生";
  mycmd.CommandText=mysql;
  mycmd.Connection=myconn;
  textBoxl.Text=mycmd.ExecuteScalar().ToString();
  myconn.Close();
}
```

（2）通过 SQL Command 对象将成绩表中所有分数增加 5 分，实现方法如下：

```
private void button2_Click(obiect sender,Event Args e)
{ string mystr,mysql;
  sql Connection myconn=new sqlConnection();
  sqlCommand mycmd=new sqlCommand();
  mystr="Data Source=.;Initial Catalog=student;Integrated Security=True";
  myconn.ConnectionString=mystr;
  myconn.Open();
  my sql="UPDATE  成绩  SET 成绩=成绩+5";
  mycmd.Command Text=mysql;
  mycmd.Connection=myconn;
  mycmd.ExecuteNonQuery();
  myconn.Close();
}
```

（3）通过 Command 对象求出指定学号学生的平均分，实现方法如下：

```
private void button3_Click(obiect sender,Event Args e)
```

```
{ string mystr,mysql;
  sql Connection myconn=new sqlConnection();
  sqlCommand mycmd=new sqlCommand();
  mystr="Data Source=.;Initial Catalog=student;Integrated Security=True";
  myconn.ConnectionString=mystr;
  myconn.Open();
  my sql="SELECT AVG(成绩) FROM 成绩 WHERE 学号=@ no";
  mycmd.Command Text=mysql;
  mycmd.Connection=myconn;
  mycmd.Parameters.Add("@no",SqlDbType.VarChar,10).Value=textBoxl.Text;
  textBox2.Text=mycmd.ExecuteScalar().ToString();
  myconn.Close();
}
```

3．利用 DataReader 对象编程

通过 SQL DataReader 对象输出所有学生记录，实现方法如下：

```
private void button4_Click(object sender,EventArgs e)
{ string mystr,mysql;
  sqlConnection myconn=new sqlConnection();
  sqlCommand mycmd=new sqlCommand();
  mystr="Data Source=.;Initial Catalog=student;Integrated Security=True";
  myconn.ConnectionString=mystr;
  myconn.Open();
  mysql="SELECT * FROM 学生";
  mycmd.Command Text=mysql;
  mycmd.Connection=myconn;
  SqlDataRead myreader=mycmd.ExecuteReader();
  ListBox1.Items.Add("学号\t\t 姓名\t 专业\t 年级\t 班别");
  ListBox1.Items.Add("=======================================================");
  While(myreader.Read())
  ListBox1.Items.Add(String.Format("{0}\t{1}\t{2}\t{3}\t{4}",myreader[0].ToString(),myreader[1].ToString(),
  To  String(),myreader[2].ToString(),myreader[3].ToString(),myreader[4].ToString()));
  myconn.Close();
  myreader.Close();
}
```

4．利用 DataAdapter 对象编程

通过 SQL DataAdapter 对象输出所有学生记录，并对学生表中的信息做修改。

```
public partial class Forml:Form
{ string mysql;
  SqlConnection myconn;
  DataSet myds=new DataSet();
  SqlDataAdapter myadp;
  public Forml()
  { InitializeComponent();}|
    private void buttonl_Click(object sender,EventArgs e)
    { myadp.Update(myds,"stu");}                          //修改数据表
    privatevoidbutton4_Click(object sender,EventArgs e)
    {myconn=new SqlConnection("Data Source=.;Initial Catalog=student;Integrated Security=True");
      mysql="SELECT * FROM 学生";
      myadp=new SqlDataAdapter(mysql,myconn);
```

```
        myconn.Open();
        SqlCommandBuilder mycmdbuilder=new SqlCommandBuilder(myadp);
        myadp.Fill(myds,"stu");
        dataGridViewl.DataSource=myds.Tables[0];
        myconn.Close();
    }
}
```

5. 利用 DataSet 对象编程

通过实例说明使用 DataSet 对象访问 SQL Server 的基本方法和步骤。

```
Using System.Data.sqlClient                          //引入命名空间
…
//确定连接字符串，包括服务器、数据库、用户名和密码等
String Constr="server=localhost;database=TSG;UID=sa;Password=123456";
SqlConnection Conn=New SqlConnection(Constr);        //建立与数据源的连接
String sqlstr="select * from Book";
try
{ Conn.Open();                                       //打开连接
  SqlDataAdapter da=New SqlDataAdapter(sqlstr,conn); //创建 DataAdapter 对象
  DataSet ds=New DataSet();                          //创建 DataSet 对象
  Da.Fill(ds);                                       //把数据填充到 ds
  //设置 GridViewl 控件的数据源为 ds.Table[0].DefaultView，可以表格形式显示查询结果
  GridViewl.DataSource=ds.Tables[0].DefaultView;
}
catch(Exception ex)
{ MessageBox.Show(ex.ToString()); }                  //输出错误信息
  finally{ Conn.Close();                             //关闭连接
}
```

§8.4　知识拓展——主动数据库和模糊数据库

随着计算机科学技术的高速发展，极大地促进了数据库技术的全面发展。基于知识的人工智能技术的广泛应用，导致了主动数据库和模糊数据库的形成与发展。

8.4.1　主动数据库

主动数据库（Active Data Base）是数据库技术中一个新的研究领域，它是在传统数据库的基础上结合人工智能和面向对象技术提出来的，其主动性功能在各种应用中发挥越来越大的作用。

1. 主动数据库的产生

主动数据库是相对于传统数据库的被动性而言的。传统数据库在数据的存储、检索等方面为用户提供了良好的"数据支持"和"管理服务"。但这种"数据支持"和"管理服务"都是被动的，即只能被动地响应用户的命令，并根据用户的命令被动地提供服务。而在许多实际应用中，需要数据库提供某种主动性的操作和服务。例如库存不足、证券市场波动、生产过程异常、实时监控等事件中，常常希望数据库系统在紧急情况下能根据数据库的当前状态主动适时地做出反应，执行某些操作或提供某种服务，特别是能够根据系统的运行环境或系统状态，提供对紧急事件的反应（如报警）和主动处理能力，提供对用户的实时性信息服务。由此，主动数据库技术应运而生。

2. 主动数据库的功能

从本质上讲，主动数据库并不是一个具体的数据库，它只是数据库的一项功能，关系数据库可以增加此功能，面向对象数据库也可以增加此功能。因此，主动数据库其实质就是支持主动功能的数据库。

一个主动数据库系统首先要完成传统数据库管理系统的基本功能，这是建立一个数据库系统的根本目的所在。同时要充分体现主动数据库系统的主动处理和主动服务功能，而这正是主动数据库系统有别于传统数据库系统的根本标志所在。

一个主动数据库系统的主动功能依赖于事件知识库中事件种类与事件数量的多少，以及对事件的检测能力。与事件的种类相对应，一个主动数据库管理系统应该实现下列主动性功能：

- 各种实时监控、时间同步及其控制功能。
- 数据库的使用与更新、数据库状态、数据库异常、数据库的一致性与完整性检查的动态监视等及其处理功能。
- 数据库的自动审计、例外处理、出错监控等及其处理功能。
- 分布式数据库系统中各站点和各子系统之间的通信与同步功能。
- 模块之间、用户之间、用户与系统之间的通信与交互功能。
- 对数据库系统中各种中断对象的实时监视、实时响应、实时处理和实时控制功能。
- 具有那些反映系统性能的有关功能要求，比如：对知识库的管理功能、对知识的利用能力和推理策略等、实时响应事件的能力等。

3. 主动数据库的实现

主动数据库的实现主要应考虑三方面的问题：一是主动数据库管理系统的设计与实现；二是事件知识库的设计与组织；三是事件监视器的设计与实现机制。主动数据库管理系统的实现途径实际上与面向对象数据库管理系统的实现途径类似，有以下三种。

（1）对原有关系数据库进行改造：这种方式涉及如何在原有的系统中加入事件知识库和事件监视器，并保证在数据库的日常业务处理中使系统具有主动应急处理和主动服务的独特功能。

（2）采用主动程序设计语言体系：首先将某种程序语言改造成一种主动程序设计语言，对事件知识库的管理和事件监视器的功能与机制由主动程序设计语言承担；然后与传统的宿主系统类似，把对数据库的操作嵌入到主动程序设计语言中，从而实现主动数据库的功能。

（3）设计全新的主动数据库系统：针对主动数据库的特点，设计出一个全新的数据库系统，实现数据库与事件知识库在同一系统的相容，实现数据库语言（DDL、DML、DCL）、主动（应用）程序设计语言和事件监视器的彻底融合，最大限度地提高和发挥出数据库的主动性功能。

相比之下，第一种方法实现简单，但如何较好地体现出系统的主动性特征是一个实现难点。第三种方法实现难度和工作量都很大。第二种方法是一个折中方案，相对于其它两种方法，实现难度和系统效率都较好。

4. 主动数据库的发展

近年来，一些商品化的数据库管理系统，如 Oracle、Sybase、SQL Server 等，引入了"触发器"（Trigger）、"规则"（Rule）概念，虽然在某种意义上实现了部分主动性功能，但主动性功能还比较弱，在全方位地实现主动数据库的知识模型与检测机制以及大型应用的开发中还存在许多值得研究的问题。就目前数据库管理系统而言，主动性功能存在的问题主要体现在以下方面。

（1）主动机制不完善：主动机制的实现还没有形成一套完整的技术理论和普遍认同的技术方法，各软件商家基本上还是各用各的"招数"，通用性和可移植性较差。

（2）触发器功能有限：目前触发器的表达能力还非常有限，无法描述和表示复杂事件，只能在比较简单的事件发生时触发一些简单的处理和服务，事件规则的表示能力还比较弱，触发执行的可靠性等还有待于进一步提高。

尽管目前主动数据库在发展中还存在许多不足，但其作为一个活跃的研究领域，必将为数据库技术的全面进步做出应有的贡献。随着计算机科学技术的飞速发展和数据库技术研究的深入，数据库系统的主动性功能将越来越强，主动数据库会逐步在各种应用领域中发挥重要作用。

8.4.2　模糊数据库

模糊数据库（Fuzzy Data Base）是在传统数据库系统中引入"模糊"概念，进而对模糊数据、数据间的模糊关系与模糊约束实施模糊数据操作和查询的数据库系统。

1. 模糊数据库的概念

模糊是客观世界的一个重要属性，现实世界中的许多事物都是不精确的。传统的数据库系统仅允许对精确的数据进行存储和处理，不能描述和处理模糊性和不完全性等概念。显然，传统的数据库系统不能满足现实世界中客观存在的事物的要求。因此，模糊数据库技术应运而生。

从 20 世纪 80 年代中后期开始，国内外开始开展模糊数据库理论和实现技术的研究，包括模糊数据库的形式定义、模糊数据库的数据模型、模糊数据库语言设计、模糊数据库设计方法及模糊数据库管理系统的实现等。其目标是能够存储以各种形式表示的模糊数据，数据结构、数据联系、数据运算、数据操作、数据约束（包括一致性、完整性、安全性）、数据库窗口用户视图、无冗余性的定义等都是模糊的，精确数据可以看成是模糊数据的特例。经过 20 多年来的研究和探索，现已建立了一套较为完整的理论体系，包括模糊数据的表示、模糊距离的测度、模糊数据模型、模糊语言、模糊查询方法等，并且探索出了一些实用的实现技术，在计算机上实现了一些基于上述理论和技术的模糊数据库管理系统原型。

2. 模糊数据库的特性

模糊数据库系统是模糊技术与数据库技术的结合体，是实现存储、组织、管理和操作模糊数据的数据库系统，它除了具有普通数据库系统的公共特性外，其模糊特性主要体现在：

- 存储的数据是以各种形式表示的模糊数据。
- 数据结构和数据之间的联系是模糊的。
- 定义在数据上的运算和操作是模糊的。
- 对数据的约束，包括完整性、安全性等是模糊的。
- 用户使用数据库的视图是模糊的。
- 数据的一致性和无冗余性的定义等也是模糊的。

此外，还有许多工作是对关系之外的其它有效数据模型进行模糊扩展，如模糊 E-R、模糊多媒体数据库等。尽管目前模糊数据库还没有得到广泛应用，但已在模式识别、过程控制、案情侦破、医疗诊断、工程设计、营养咨询、公共服务、专家系统等领域得到较好的应用，显示出广阔的应用前景。

第9章 课程设计

【问题描述】第 1~8 章介绍了数据库系统的基本理论和开发方法，本章以课程设计形式，介绍开发高校教学管理系统的全过程，以此提高综合运用理论知识开发实际系统的能力。

【辅导内容】本章介绍了 C#的技术特性及开发环境、数据库建模工具——PowerDesigner、PowerDesigner 技能实训以及知识拓展（空间数据库系统和移动数据库系统）。

【能力要求】本章是开发数据库应用系统的技术条件支撑。通过本章学习，了解 C#开发环境；掌握建模工具 PowerDesigner 的使用方法；了解空间数据库系统和移动数据库系统的基本概况。

§9.1 C#的技术特性及开发环境

9.1.1 C#的技术特性

1. C#技术

C#是由 Microsoft 公司开发的、面向对象的、运行于.NET Framework 上的高级程序设计语言，且成为 ECMA 与 ISO 标准规范。C#以其优雅的语法风格、创新的语言特性和便捷的面向组件编程的支持成为.NET 开发的首选语言。具体来说，C#具有如下优良特性。

（1）简化对象特性：C#语言首要的目标就是简单，C#基于 C/C++，在继承 C/C++强大功能的同时，去掉了一些复杂特性。诸如只有单一继承，没有 C/C++中的指针，不允许直接存取内存等不安全的操作。

（2）综合优良特性：C#看似基于 C/C++，但融入了 Delphi、Java、Visual Basic 等语言的优良特性。C#综合了 Visual Basic 简单的可视化操作，C/C++的高运行效率；借鉴了 Delphi 中与 COM 直接集成的网络框架；采用了与 Java 类似的编译方式，C#语言源程序并不被编译成能够直接在计算机上执行的二进制代码，而是被编译成中间代码，然后通过.NET Framework 的虚拟机——公共语言运行库执行。

〖问题点拨〗现在所有的.NET 编程语言都被编译成这种被称为微软中间语言的中间代码，虽然最终程序在表面上仍然与传统意义上的可执行文件都具有.exe 的后缀名，但实际上如果计算机上没有安装.NET Framework，那么这些程序不能单独执行。而在程序执行时，.NET Framework 将中间代码翻译成二进制机器码。最终的二进制代码被存储在一个缓冲区（Buffer）中。一旦程序使用了相同的代码，则调用缓冲区中的版本；如果一个.NET 程序第二次被运行，则不需要进行第二次编译。

2. .NET Framework 技术

.NET Framework 是构成 Microsoft .NET 平台核心部分的一组技术，它为开发 Web 应用程序和 XML Web Services 提供了基本的构建模块。

（1）.NET Framework 的目标：NET Framework 为创建和运行.NET 应用程序提供了必要的编译和运行基础，旨在实现下列目标：

● 提供一个一致的面向对象的编程环境，不论对象代码是在本地存储和执行，还是在本地执行在 Internet 上分布，或者是在远程执行的。

- 提供一个将软件部署和版本控制冲突最小化的代码执行环境。
- 提供一个可提高代码（包括由未知的或不完全受信任的第三方创建的代码）执行安全性的代码执行环境。
- 提供一个可消除脚本环境或解释环境的性能问题的代码执行环境。
- 使开发人员的经验在面对类型大不相同的应用程序（如基于 Windows 的应用程序和基于 Web 的应用程序）时保持一致。
- 按照工业标准生成所有通信，以确保基于.NET Framework 的代码可与任何其它代码集成。

（2）.NET Framework 的组件：.NET Framework 是支持生成和运行下一代应用程序和 XML Web Services 的内部 Windows 组件，它由公共语言运行库和.NET Framework 类库组成。

① 公共语言运行库。是.NET Framework 的基础，可以将运行库看作一个在执行时管理代码的代理，它提供内存管理、线程管理和远程处理等核心服务，并且还强制实施严格的类型安全以及可提高安全性和可靠性的其它形式的代码准确性。事实上，代码管理的概念是运行库的基本原则。以运行库为目标的代码称为托管代码，而不以运行库为目标的代码称为非托管代码。

② 类库。是一个综合性的面向对象的可重用类型集合，可以使用它开发多种应用程序，这些应用程序包括传统的命令行或图形用户界面（GUI）应用程序，也包括基于 ASP.NET 所提供的最近创新的应用程序（如 Web 窗体和 XML Web Services）。

9.1.2　C#的开发环境

Visual Studio 是一套完整的开发工具集，用于生成 ASP.NET Web 应用程序、XML Web Services、桌面应用程序和移动应用程序。Visual Basic、Visual C++、Visual C#和 Visual J#都使用相同的集成开发环境（IDE），利用 IDE 可以共享工具且有助于创建混合语言解决方案。另外，这些语言利用了.NET Framework 的功能，通过此框架可使用简化 ASP Web 应用程序和 XML Web Services 开发的关键技术。

Visual Studio 已有多种版本，随着版本的不断提高，其功能越来越强，性能越来越好。目前较多使用的是 Visual Studio 2008。Visual Studio 2008 使开发人员能够快速创建高质量、用户体验丰富而又联系紧密的应用程序，充分展示了 Microsoft 开发智能客户端应用程序的构想。借助 Visual Studio 2008，采集和分析信息将变得更为简单便捷，业务决策也会因此变得更为有效。Visual Studio 2008 在三个方面为开发人员提供了关键改进：

- 快速的应用程序开发。
- 高效的团队协作。
- 突破性的用户体验。

如果你有一定的编程基础，希望了解 Visual C# 2008 和以前版本的重大更改，请参考网址：
http://msdn.microsoft.com/zh-cn/library/cc713578.aspx。

C#的生成比 C 和 C++简单，比 Java 更为灵活。它没有单独的头文件，也不要求按照特定顺序声明方法和类型。C#源文件可以定义任意数量的类、结构、接口和事件。

如果你有 C++编程基础，想了解 C#和 C++编程语言之间的相似点和差异，请参考网址：
http://msdn.microsoft.com/zh-cn/library/yyaad03b.aspx。

如果你有 Java 编程基础，想了解 C#和 Java 编程语言之间的相似点和差异，请参考网址：
http://msdn.microsoft.com/zh-cn/library/ms228602.aspx。

§9.2 数据库建模工具——PowerDesigner

数据库建模是建立用户数据视图模型的过程，是开发有效的数据库应用系统的重要任务。如果数据库模型能够正确地表示管理对象的数据视图，则开发出的数据库是完整有效的。在数据库应用系统开发中，数据建模是随后的工作基础。数据建模的过程，实际也是筛选和抽取信息、表达信息的过程。

数据建模包括构建概念模型和计算机数据模型。目前，市场上有很多工具软件提供数据建模，包括数据仓库建模、对象建模、业务流程建模以及 UML 建模等，并且各主要的建模工具厂商都在加强各自建模工具的融合与集成。目前常用的建模工具有 ERWin、UML 等，这些都是世界著名的建模工具，支持面向对象，但这些产品都无法与将所有功能集于一体的 PowerDesigner 相媲美。根据 Gartner 的分析，PowerDesigner 是世界排名第一的数据建模工具，本节以 PowerDesigner 为例，介绍数据库建模工具的主要原理和应用。

9.2.1 PowerDesigner 简介

PowerDesigner 最先是由法国 SDP 软件公司一位名叫王晓的中国人于 1981 年开发的，称为 AMC*PowerDesigner。经过了 30 多年的发展和厂商的几经变换，已经从一个单一数据库设计工具发展为一个全面的数据库设计和应用开发的建模软件。

PowerDesigner 的功能非常强大，除了数据建模外，还可以用 PowerDesigner 设计 Web 服务，生成多种客户端开发工具的应用程序，能为数据仓库制作结构模型，能对团队设计模型进行控制。PowerDesigner 可与许多流行的数据库设计软件（如 PowerBuilder、Delphi、VB 等）配合使用，从而大大缩短开发周期，并使系统设计更加优化。

1. PowerDesigner 的功能结构

PowerDesigner 是一种图形化、易于使用的工具集，使用它可以方便地对管理信息系统进行分析设计。PowerDesigner 面向数据分析、设计和实现，集成了 UML（统一建模语言）和数据建模的 CASE 工具。它不仅可以用于系统设计和开发的不同阶段（即系统需求分析、对象分析、对象设计以及数据库设计和程序框架设计），绘制系统的数据流程图 DFD 和 E-R 图，以及生成物理的建表程序、存储过程与触发器框架等，也可以满足管理、系统设计、开发等相关人员的使用需要。PowerDesigner 的功能结构如图 9-1 所示。

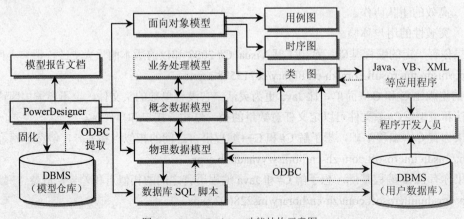

图 9-1 PowerDesigner 功能结构示意图

通过 PowerDesigner 建模，最终形成模型仓库（repository）、模型报告（report）、数据库 SQL 脚本、用户数据库结构及应用程序代码。程序开发人员利用模型报告、数据库 SQL 脚本、用户数据库结构及应用程序代码，结合应用程序开发工具（如 VB、C++、C#、Java 等）和数据库管理系统开发出符合要求的软件。

2. PowerDesigner 的模型结构

PowerDesigner 几乎涉及了数据库模型设计的全过程，分析设计人员利用 PowerDesigner 可以制作流程分析模型、概念数据模型、物理数据模型和面向对象模型。这 4 个模型覆盖了软件开发生命周期的各个阶段，图 9-2 表示了各个模型的相互关系及其作用。

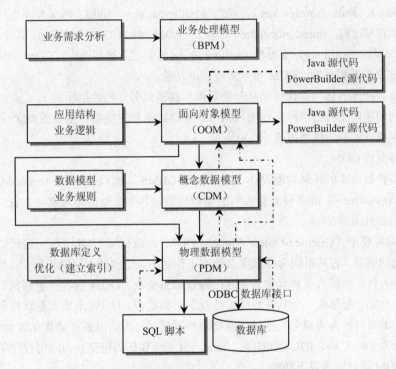

图 9-2　PowerDesigner 模型的相互关系和作用

（1）业务处理模型（Business Process Model，BPM），用来描述业务的各种不同内在任务和内在流程，以及用户如何与这些任务和流程互相影响。业务处理模型是从业务合伙人的观点来看业务逻辑和规则的概念模型，使用一个图表描述程序、流程、信息和合作协议之间的交互作用。BPM 主要用在需求分析阶段，这一阶段的主要任务是理清系统的功能，系统分析员在与用户充分交流后应得出系统的逻辑模型。

（2）概念数据模型（Conceptual Data Model，CDM）：是按用户的观点把现实世界中的信息抽象成实体和属性产生关系图（E-R 模型）。CDM 主要用在系统开发的数据库设计阶段，这一阶段为高质量的应用提供坚实的数据结构基础。在 PowerDesigner 中，CDM 就充当着概念设计的角色，它可以独立于任何软件和数据库存储结构，对数据库的全局结构进行描述。系统分析员通过 E-R 图来表达对系统静态特征的理解。E-R 图实际上相当于对系统的初步理解所形成的一个数据字典，系统的进一步开发将以此为基础。CDM 可以实现以下功能：

- 创建实体关系图（Entity Relation Diagrams，ERD），以图形的方式组织数据。
- 验证数据设计的有效性和合理性。

- 生成物理数据模型（PDM）。
- 生成面向对象模型（OOM）。
- 生成概念数据模型（CDM），从而创建另外一个模型的版本，代表了设计的不同阶段。

设计好 CDM 之后，可以通过 CDM 向物理数据模型（PDM）转化。然后再根据具体的 DBMS 特点对物理数据模型进行定制，完成物理实现，这种清晰的思路比较容易理解和控制。

（3）物理数据模型（Physical Data Model，PDM）：用来把 CDM 与特定 DBMS 的特性结合在一起，产生 PDM。物理数据模型是后台数据库应用蓝本，直接针对具体的 DBMS（如 SQL Server 2008）。同一个 CDM 结合不同的 DBMS 产生不同的 PDM。PDM 中包含了 DBMS 的特征，反映了主键（primary key）、外键（foreign key）、候选键（alternative）、视图（view）、索引（index）、触发器（trigger）和存储过程（stored procedure）等特征。PDM 可由 CDM 转换得到，其中实体（entity）变为表（table），属性（attribute）变为列（column），同时创建主键和索引，CDM 中的数据类型映射为具体 DBMS 中的数据类型。PDM 可以实现以下功能：

- 可以将数据库的物理设计结果从一种数据库移植到另一种数据库。
- 可以利用逆向工程把已经存在的数据库物理结构重新生成物理模型或概念模型。
- 可以生成可定制的模型报告。
- 可以转换成 OOM。
- 完成多种数据库的详细物理设计。生成各种 DBMS（如 Oracle、Sybase、SQL Server 和 SQL Anywhere 等 30 多种数据库）的物理模型，并生成数据库对象（如表、主键、外键等）的 SQL 语句脚本。

（4）面向对象模型（Oriented-Object Model，OOM）：是利用 UML（统一建模语言）的图形来描述系统结构的模型，它从不同角度表现系统的工作状态。这些图形有助于用户、管理人员、系统分析员、开发人员、测试人员和其它人员之间进行信息交流。OOM 包含一系列包、类、接口和相互关系。这些对象一起形成一个软件系统设计视图的类结构。OOM 本质上是软件系统的一个静态的概念模型。类图可转换为概念数据模型或物理数据模型，为信息的存储建立数据结构，同时，类图还可以转换为 C#、C++、IDL-CORBA、Java、PB 和 VB 代码框架，为应用程序的编制奠定了良好的基础。OOM 可以实现以下功能：

- 利用统一建模语言（UML）的用例图（use case diagram）、时序图（sequence diagram）、类图（class diagram）、构件图（component diagram）和活动图（activity diagram）来建立面向对象模型（OOM），从而完成系统的分析和设计。
- 利用类图生成不同语言的源文件（如 Java、PowerBuilder、XML 等），或利用逆向工程将不同类型的源文件转换成相应的类图。
- 利用逆向工程，可以将面向对象模型（OOM）生成概念数据模型（CDM）和物理数据模型（PDM）。

此外，PowerDesigner 还提供了模型文档编辑器（multi-model report），用来为所建立的模型生成详细文档，根据各种模型生成相关的 RTF 或 HTML 格式的文档，开发人员可以通过这些文档来了解各个模型中的相关信息。

在软件开发周期中，首先进行的是需求分析，并完成系统的概要设计；系统分析员可以利用 BPM 画出业务流程图，利用 OOM 和 CDM 设计出系统的逻辑模型；然后进行系统的详细设计，利用 OOM 完成系统的设计模型，并利用 PDM 完成数据库的详细设计，最后，根据 OOM 生成的源代码框架进入编码阶段。

9.2.2 创建概念数据模型

PowerDesigner 的概念数据模型（CDM）以实体-关系图理论为基础，并对此进行了扩充。建立的 CDM 与具体的数据库管理系统无关，其建立是一个比较复杂的过程，需要考虑众多因素。使用 CDM，可以把主要精力集中在数据的分析设计上，先不考虑物理实现的细节，只考虑实体和实体之间的联系。

1. 启动 PowerDesigner

启动 PowerDesigner，在 PowerDesigner 界面的下拉菜单中，选择 File→New Model，弹出 New Model 对话框，如图 9-3 所示。在左边的 Category 框中选择 Information，在右边的 Category items 框中选择 Conceptual Data，在下方的 Model name 处输入"教学管理概念模型"，单击 OK 按钮。

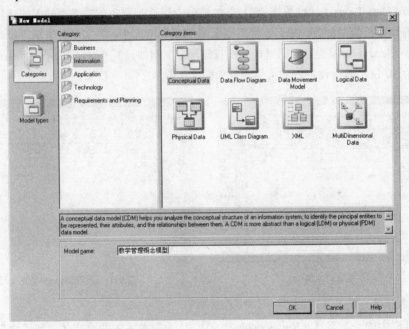

图 9-3　New Model 对话框

2. 建立实体对象

在 CDM 操作界面，选择工具栏中的实体对象，然后在图表窗口中单击一次，建立一个实体对象，代表成绩管理数据库中的学生对象。再双击该对象，在 General 选项卡设置 Name 为"学生表"（表示显示出来的对象名称），Code 设置为"student"（表示最终生成的表对象名称），Comment 为对象描述，Number 为对象的序列号，Generate 表示将自动生成表对象，如图 9-4 所示。

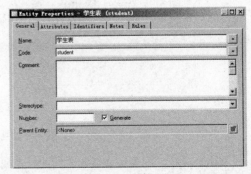

图 9-4　建立实体对象图

Name 是属性的逻辑（显示）名称，而 Code 是属性的编码名称，最终将形成物理表的实际属性名。为了方便设计，一般将 Name 直接用中文说明，也就是实际编码名称的中文解释；而 Code 应该设置成英文名称，一般尽可能用英文直译命名，以方便今后编码时调用的唯一性。

3. 配置实体对象的属性、值域以及关键字（主键）

承接上一步，再选择 Attributes（属性）选项卡，在 Name 列（显示命名）中分别输入：学生编号，学生姓名，学生性别，学生生日；在 Code 列（实际属性名称）中对应输入：Sno，Sname，Sex，Sbirth。接下来开始配置 student 表的主键。

每一行属性中，都可以配置 MPD 选项。M（Mandatory）表示属性不可以为空；P（Primary Key）表示该属性为主键；D（Display）表示在界面中是否显示该属性。如果设定某属性为 P，则自然 M 选项将被勾选。在该项配置中，至少应配置每个表的主键 P 以及是否必填 M（Mandatory）。如本案例中，可用鼠标左键选中 Sno 属性，勾选 P 项，则 M 自动勾选（实体完整性），对于需要必填的属性同样可以将 M 勾选，如姓名项，如图 9-5 所示。

输入属性后，要设置属性的数据类型。设置的方法是单击每个属性的 Data Type 单元格，在弹出的"Standard Data Types（标准数据类型）"对话框中进行配置。数据类型的配置可以简单地分为数值类型配置和字符类型配置，对于数值类型无需配置长度大小，而字符类型则需要设置字符串类型的长度大小（length）。配置完毕后单击 OK 按钮确定。例如设置"姓名"属性为 Variable character 类型，长度为 30 位，最后设定好的实体对象如图 9-6 所示。

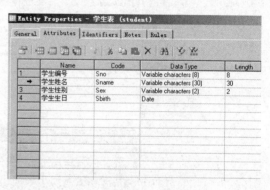

图 9-5 实体对象属性　　　　　　　　　图 9-6 设置实体属性数据类型

4. 设置实体彼此的关系

选择工具栏中的关系工具（Relationship），在你认为有关系的两个实体之间"划"一下，则两个实体之间出现关系线，如图 9-7 所示。

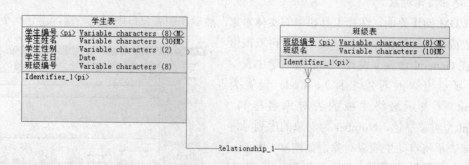

图 9-7 建立两个实体之间的关系

双击连接线，配置实体彼此之间的关系属性，在 Relationship Properties 窗口的 General 选项卡中定义关系名称（Name）和编码名称（Code），同上 Name 为显示名称（建议中文表示），Code 为实际存储名称（建议英文或拼音表示），如图 9-8 所示。

图 9-8 配置实体间关系的属性

在该窗口中，选择 Cardinalities（关系明细）选项卡，配置实体彼此之间的关系明细，如图 9-9 所示。

图 9-9 "关系明细"选项卡

在图 9-9 第一行的配置中有 One-One、One-Many、Many-One、Many-Many 四个选项，只要配置好了下面两行的对应关系，该行将自动变化。下面两行可分别设置"班级表 to 学生表"和"学生表 to 班级表"，为了具有普适性，可将这一关系简化为"X to Y"，即对于任何一个 X 与之对应的 Y 是一个还是多个。如"班级表 to 学生表"，我们可以配置为对于任何一个班级可以管理多个学生。具体的数值设置需要选择 Cardinality 下拉列表框，如图 9-10 所示，其对应关系为：

（1）0,n：至少 0 个，至多 n 个，逻辑表示为任意。

（2）0,1：至少 0 个，至多 1 个，逻辑表示为至多 1 个。

（3）1,1：至少 1 个，至多 1 个，逻辑表示为只有 1 个。

（4）1,n：至少 1 个，至多 n 个，逻辑表示为至少 1 个。

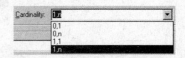

图 9-10 配置实体对应关系

根据图 9-10 所示关系，对于"班级表 to 学生表"选择 Cardinality 值为 0,n，表示"对于一个班级，其管理的学生最少 0 个，最多 n 个"；反之，对于"学生表 to 班级表"选择 Cardinality 值为 1,1，表示"对于任意一个学生，管理他的班级至少 1 个，最多 1 个"。按照上面的方法配置完毕后，学生和班级之间的关系，最后达到图 9-9 所示多对一的对应法则。

当完成实体关系设置工作后，即完成了概念模型的基本设置工作，如图 9-11 所示。

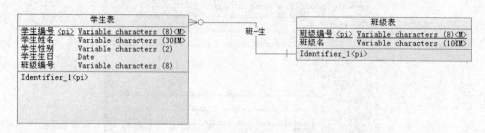

图 9-11　设置完成的概念模型

【提示】概念数据模型只是静态地描述系统中各个实体以及相关实体之间的关系，不需要考虑物理实现的细节，与模型的实现方法无关。

9.2.3　创建物理数据模型

完成概念数据模型（CDM）设计后，就需要进入数据库的物理设计阶段，将概念数据模型转换为物理数据模型（PDM）。PDM 是在 CDM 的基础上针对目标数据库管理系统的具体化。

建立 PDM 的主要目的是把 CDM 中建立的现实世界模型生成特定 DBMS 的 SQL 脚本，以此在数据库中产生信息的存储结构，这些存储结构是存储现实世界中数据信息的容器，并保证数据在数据库中的完整性和一致性。

1. 将概念模型转化为物理模型

在 CDM 操作界面中，选择菜单 Tools 中的 Generate Physical Data Model（转换成物理模型），如图 9-12 所示。

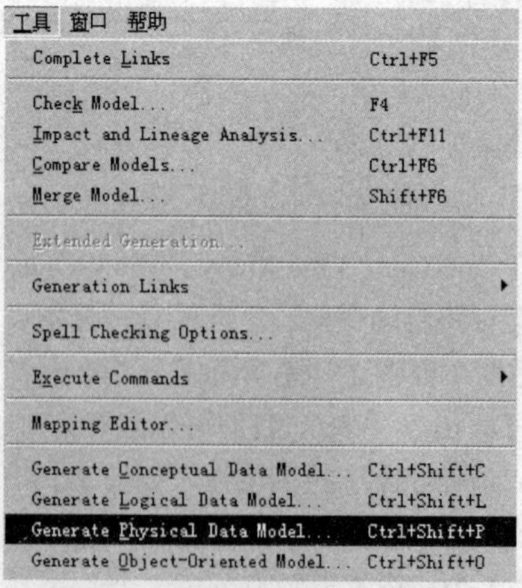

图 9-12　"转换成物理模型"菜单选项

在弹出的配置界面中配置导出的数据库管理系统为 SQL Server 2008，并设置 Name（显示名称）和 Code（物理数据库名称）为"成绩管理物理模型"，其余选项一律采用默认设置即可，单击"确定"按钮后开始转换。在 CDM 和 PDM 转换中，可能会出现错误，这些错误表现为一般错误和严重错误，一般错误并不影响 PDM 的生成，但是严重错误将无法转换为 PDM。在弹出的 Result List

（结果列表）中，双击错误行，仍然进入 CDM 界面继续进行修改，直到 Result List 无报错为止，如图 9-13 所示。

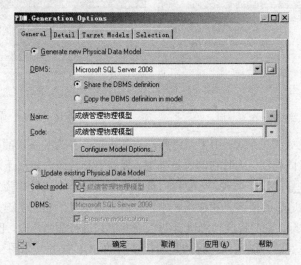

图 9-13　转换物理模型配置

2. 配置物理模型

按照概念模型转换物理模型的基本规律，原有的 CDM 中的实体转换成物理表，对于多对多关系和部分一对一关系也直接转换成物理表。对于一对多关系，一端实体的码加到多端实体属性中成为外键。如学生和班级关系中，作为一端实体（班级表）的码（班级号码）会加入到多端实体（学生表）属性中成为外键。在显示中，主键表现为 PK（Primary Key），外键表现为 FK（Foreign Key）。考勤表是在多对多关系中直接生成的关系表。如图 9-14 所示为初次转化成 PDM 图的基本对象。

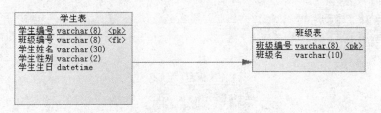

图 9-14　初次转化为 PDM 图的基本对象

生成的物理模型需要进行细致配置后才可以继续导入到数据库应用软件中，配置的主要过程是配置物理表（table）。双击某个实体表，在弹出的配置界面中首先设置物理表逻辑名称和编码名称，双击学生表对象展开界面如图 9-15 所示。

选择 Columns 选项卡，开始配置具体的表属性。同配置 CDM 图一样，Name 配置为中文名称，用以显示和说明备注；Code 为英文或拼音命名，将直接生成为数据库的物理表名称，对于 Data Type（数据类型），可以选中其后的下拉列表详细配置。对于有%n 情况的设置，可以手动键入具体的数值，如 varchar（%n）为变字长，可配置成 varchar(20)，如图 9-16 所示。

在设置界面中有 PFM 的配置选项，分别表示的意思是：P（Primary Key）主键；F（Foreign Key）外键；M（Mandatory）必填项。当 P 被勾选后，则 M 同时被勾选，而 F 的设置是不可以由设置者配置的，它是在配置表与表之间的关系时自动生成的。

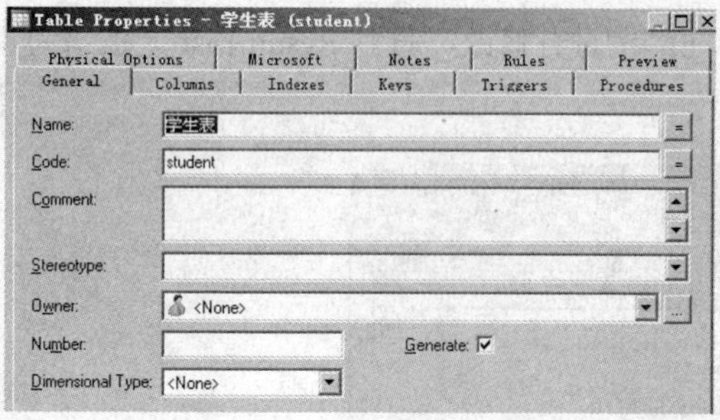

图 9-15 "学生表"配置界面 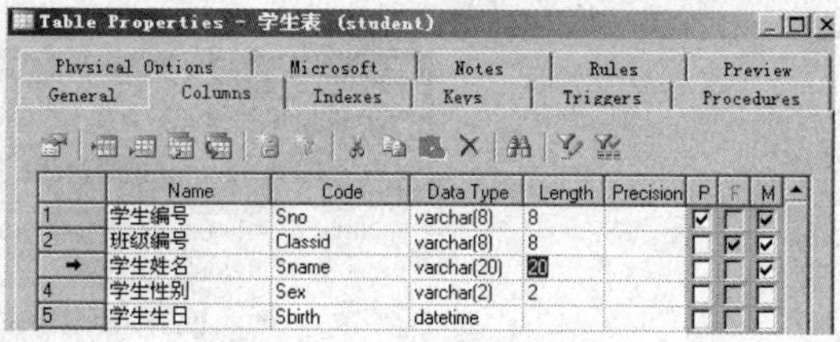　　　　　图 9-16 设置"学生表"属性

对于多对多关系生成的关系表,由于是将两端表的主键合并为关系表的码,因此这种类型的表的主键是由两个属性共同构成,同时它们也是外键,授课表和成绩表就属于这种情况。当然联合属性作为主键并不是一种好的设计模式,一般我们最好再自定义一个属性作为主键,而去除原表中联合主键的特征。重新改造后的授课表和成绩表中,我们分别定义了新的主键,另外新增了一些非码属性,以便更加贴近实际。我们将这种机器自动生成的模式进行适当修改,既增加一个属性并使之变成主键,又不破坏原有的外键关系,目的是简化今后的 SQL 开发,如图 9-17 所示。

图 9-17 改造后的"授课表"和"成绩表"

经过对每一张物理表和关系表的仔细设置和配置,得出系统最后的关系图(PDM),如图 9-18 所示。

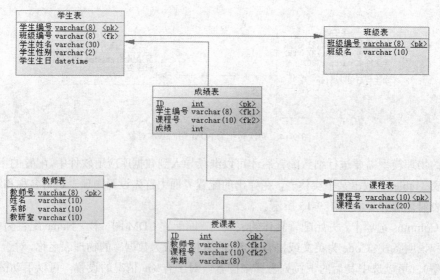

图 9-18 最后确定的 PDM

【提示】物理数据模型提供了系统初始设计所需要的基础元素,以及相关元素之间的关系。但是,在数据库的物理设计阶段,必须在此基础上进行详细的后台设计,包括数据库存储过程、触发器、视图和索引等。

9.2.4　将物理模型导入到数据库应用软件中

经过以上 PDM 的细致设计工作，我们最后的目的是将设计的思想生成具体的数据库应用软件的物理表及其模式逻辑关系。下面的实例就是将上一节中的 PDM 图导入到 SQL Server 2008 之中，并完全实现设计的逻辑模式意图。

1. 配置生成实际数据库接口环境

选择菜单 Database 中的 Generate Database（生成数据库），如图 9-19 所示。

在弹出的配置界面中配置导出的数据库生成编码文件的路径（Directory）以及文件命名（File name），同时配置数据库的生成方式（Generation type）。Generation 的生成方式有两种：一种是 Script generation（代码生成方式），另一种是 Direct generation（通过 ODBC 直接生成方式），如图 9-20 所示。

图 9-19　选择 Generate Database 菜单项

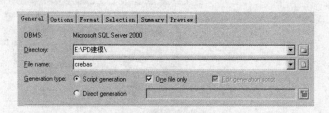

图 9-20　生成实际数据库配置界面

如果选择 Script generation（代码生成方式），则将生成一个后缀名为.sql 的文本文件，该文件保存所有可在 SQL Server 的查询分析器下直接执行的代码，在 master 数据库环境下直接执行这些代码即可。如果选择 Direct generation（通过 ODBC 直接生成方式），则需要配置 Windows 操作系统的 ODBC 接口。

2. 配置 Windows 操作系统的 ODBC 接口

首先在 SQL Server 2008 中建立一个新的空数据库，命名为 Grade。其次在 Windows 操作系统的管理工具中设置 ODBC 数据源，如图 9-21 所示。在"系统 DSN"选项卡中添加一个 SQL Server 数据源，如图 9-22 所示。

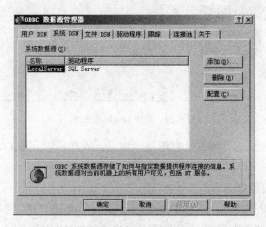

图 9-21　"ODBC 数据源管理器"对话框

图 9-22　添加一个 SQL Server 数据源

命名 ODBC 接口名称和数据库服务器，在"服务器"组合框中键入（local）表示本机数据库服务器，如图 9-23 所示。选择运行在本机的刚刚新建的数据库 Grade，如图 9-24 所示。

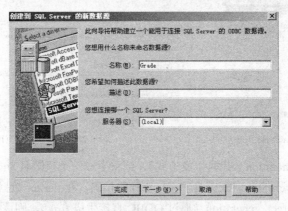

图 9-23　创建数据源

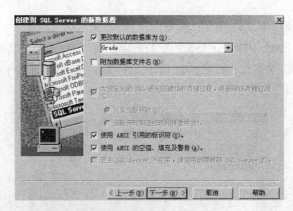

图 9-24　选择 Grade 数据库

单击"下一步"按钮完成后，测试数据源是否成功，成功后即完成 ODBC 配置工作，如图 9-25 所示。

3. 将物理模型生成实际数据库

回到 PowerDesigner 设计界面，选择 Direct generation，单击"确定"按钮后，经过系统数据库规范性校验后，弹出连接到数据源界面，选择刚才建立的 ODBC 命名的选项，如图 9-26 所示。

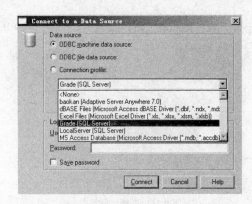

图 9-25 测试数据源　　　　　　　　　图 9-26 连接到数据源界面

单击"Connect（连接）"按钮后即可在 SQL Server 的数据库 Grade 中生成相关的表信息和约束及关系。需要注意的是，在生成期间会出现相关的运行问题，此时建议单击 Ignore All（忽略全部），具体问题可以在 SQL Server 中继续进行修改，如图 9-27 所示。查看 SQL Server 的数据库 Grade，发现表已经全部生成。

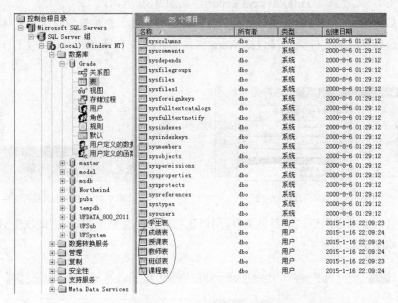

图 9-27 查看 Grade 数据库中已生成的表

【提示】物理数据模型是以常用的 DBMS（数据库管理系统）理论为基础，将 CDM 中所建立的现实世界模型生成相应的 DBMS 的 SQL 脚本，利用该 SQL 脚本在数据库中产生现实世界信息的存储结构（表、约束等），并保证数据在数据库中的完整性和一致性。利用概念数据模型可以自动生成物理数据模型。

9.2.5 生成教学管理系统数据库报告

如果把按照数据库建模思想生成的数据库及其复杂的逻辑关系告知项目设计人员，则必须提供非常细致的说明报告。PowerDesigner 具有的强大数据库报告生成功能，为用户带来了极大方便。

1. 新建报告

在 PDM 设计管理界面中，选择菜单 Reports 中的 Reports 选项，如图 9-28 所示。在报告列表中选择"New Report（新建报告）"，如图 9-29 所示。

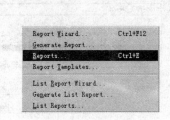

图 9-28　选择生成报告　　　　　　　　　　　　图 9-29　报告列表

2. 设置报告内容

在"新建报告"对话框中，键入报告名称为"成绩管理系统数据库报告"并选择具体的语言为 Simplified Chinese，即简体中文，而后再选择报告生成的模板。模板分为 Full Physical Report（完全物理数据库报告），List Physical Report（物理数据库列表报告），Standard Physical Report（标准物理数据库报告）。此处选择 Full Physical Report，如图 9-30 所示。

设置完毕后将进入数据库报告设计界面，我们可以对封面、表头等信息进行具体设计，最后通过生成导航条选择生成的文件类型（包括 Word 格式的 RTF 文件或者网页格式文件 HTML），如图 9-31 所示。

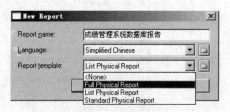

图 9-30　设置报告内容界面　　　　　　　　　　图 9-31　选择生成报告文件类型

选择后将自动生成相应格式的具体文件，用以进行数据库文档汇报，我们此次生成的是 HTML 数据库报告，如图 9-32 所示。

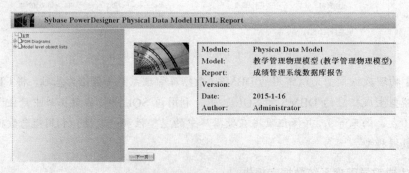

图 9-32　生成 HTML 数据库报告

【提示】PowerDesigner 能完成多种数据库的详细物理设计，生成各种 DBMS（如 Oracle、Sybase、SQL Server 和 SQL Anywhere 等 30 多种数据库）的物理模型，并生成数据库对象（如表、主键、外键等）的 SQL 语句脚本。

§9.3 技能实训

9.3.1 使用 PowerDesigner 建模

【实训背景】

建模工具的重点曾经完全放在数据建模这一个方面，而随着需求的不断提高，商业流程建模和 UML 已经成为软件开发不可缺少的部分。从 PowerDesigner 的变化，可以看出它正在努力发展成为 UML 建模工具，但同时又不放弃自己的特长，即提供更好、更方便的数据建模能力。

PowerDesigner 支持 UML，包括新的业务处理建模能力，改善了的基于 UML 的对象模型，而且可以在一个丰富的图表环境中，支持传统的和新增的建模技术。因此，对于那些需要跨平台作业和使用多种类型编码的项目，可以大大地缩短开发时间，降低复杂度。PowerDesigner 还具备一个完整的版本资料库（repository），用来存储和管理所有建模和设计过程中的信息，并将最大限度地减少其中不一致的部分，从而极大地提高了开发者的效率。

【实训目的】

（1）了解系统分析和建模工具 PowerDesigner 的基本概念和操作界面。

（2）了解 PowerDesigner 的 4 个模型：业务处理模型（BPM）、概念数据模型（CDM）、物理数据模型（PDM）和面向对象模型（OOM）及其相互关系与作用。

（3）用 PowerDesigner 工具进行简单系统分析建模操作。

【实训内容】

（1）安装 Sybase PowerDesigner 12.0 软件。

（2）建立"图书信息系统"的概念模型和物理模型，并使用 PowerDesigner 软件自动生成报告。

【实训步骤】

1. 安装 PowerDesigner 软件

用于教学的 PowerDesigner 软件可从因特网上下载（注意版本的不断更新）。双击下载的 PowerDesigner 安装文件，屏幕显示安装窗口如图 9-33 所示，依提示信息操作即可完成安装操作。

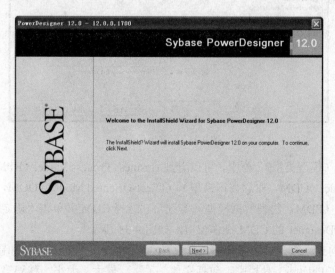

图 9-33 PowerDesigner 安装提示

2. 使用 PowerDesigner 建立数据库概念模型和物理模型并打印报告

以一个简单的"图书信息系统"为例，来学习 PowerDesigner 的基本操作。在应用 PowerDesigner 进行系统分析和设计之前，应充分理解项目的软件需求说明书，找出元数据和中间数据，用实体将元数据组织起来，为设计 E-R 图做好准备。这一步是数据库分析与设计的基本功。例如，在"图书信息系统"中，其基本实体至少有图书、读者、书库、单位（或部门）和借还书等 5 个，每个实体又有多个不同的属性，实体的属性如表 9-1 至表 9-5 所示（见后）。具体操作步骤如下。

❶ 启动 PowerDesigner，进入 PowerDesigner 的操作主界面，如图 9-34 所示。

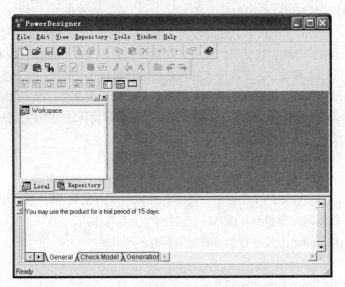

图 9-34　PowerDesigner 主界面

在 File 菜单中单击 New...命令，或者单击 "New（新建）" 按钮，屏幕进一步显示如图 9-35 所示。

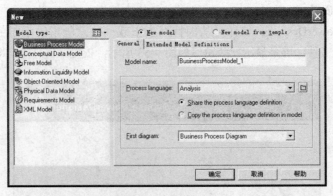

图 9-35　新建项目选择

在 "Model type（模型类型）" 框中，可以看到 Business Process Model（BPM，业务处理模型）、Conceptual Data Model（CDM，概念数据模型）、Object-Oriented Model（OOM，面向对象模型）和 Physical Data Model（PDM，物理数据模型）等选项。选择 CDM 并单击 "确定" 按钮。

❷ 进入 PowerDesigner 的 CDM 操作窗口，如图 9-36 所示。

在窗口上方横向有一组工具按钮图标，其中有实体的边框、连线、字体加粗、加黑等图标，但最常用的工具图标在 Palette 工具栏中，包括实体、关系、放大、缩小、移动等 26 个图标工具。

❸ 单击某个图标，再到界面中央单击（例如，画实体框），或拖动（例如，画实体关系连线）即可。比如，"图书信息系统"的 E-R 图有 5 个基本实体，所以，单击实体（Entity）图标，然后在操作界面中单击 5 下，得到 5 个实体框并适当布局，如图 9-37 所示。

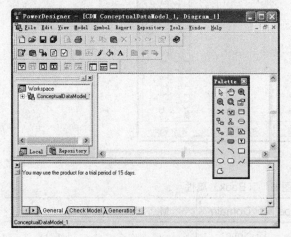

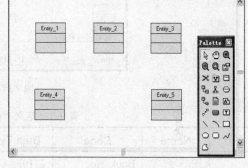

图 9-36 CDM 操作窗口   图 9-37 画实体框

此时，这 5 个实体还是空的，其名字可以临时任意选取，并且还没有属性。接下来，要逐步对每个实体的名字及其属性进行定义。

❹ 双击第一个实体框，打开实体属性定义窗口，如图 9-38 所示，开始定义实体"图书"。在该窗口中，有许多对实体进行描述的选项卡，用户可以根据需要，对实体的宏观特征进行定义或描述。

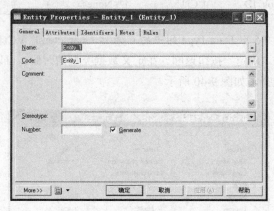

图 9-38 定义实体

【提示】此例中，在 Name 栏输入"图书"，在 Code 处输入"Book"，在 Number 处输入实体中实例（记录）的最大个数"10000000"，它表示图书馆的最大藏书量可达一亿册。这个数字的作用，是便于计算并估计数据库服务器的磁盘容量。

❺ 定义属件、属性的约束和算法。单击 Attributes 标签，进入定义该实体的属性界面，如图 9-39 所示。

【提示】每一行定义一个属性，包括：属性名称，属性代码，数据类型，使用域、是否强制（M）、是否为主键（P），以及是否显示属性（D）等。属性名称在概念数据模型中显示，但在物理数据模型中忽略。本次操作中，需要定义的属性内容如表 9-1 所示。

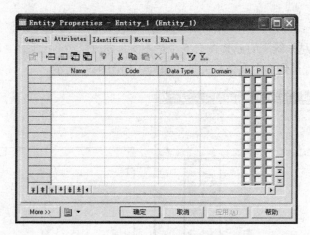

图 9-39　定义属性图

表 9-1　定义"图书"（Book）属性

序号	Name	Code	Data Type	Domain	M	P	D
1	图书号	Book_No	C[10]	\<None>	✓	✓	✓
2	书名	Book_Name	VC[20]	\<None>	✓		✓
3	单价	Book_Price	Numeric(6,2)	\<None>	✓		✓
4	作者	Book_Author	VC[60]	\<None>	✓		✓
5	出版社	Book_Concern	VC[40]	\<None>	✓		✓
6	出版日期	Book_Date	Date	\<None>	✓		✓
7	借出标志	Book_ID	C[1]	\<None>	✓		✓

【提示】表 9-1 至表 9-5 中 Data Type 列中的 C 表示 Characters，VC 表示 Variable Characters。

属性定义完毕，单击"确定"按钮返回。在定义数据类型的时候，可以通过单击"…"按钮显示全部类型选项并从中选择，如图 9-40 所示。

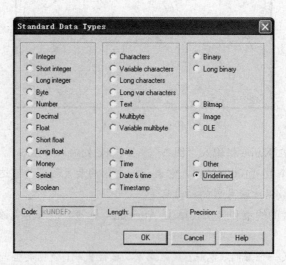

图 9-40　数据类型选项

同理，依次完成其它四个实体的属性定义。如图 9-41 和表 9-2 至表 9-5 所示。

（a）借还书

（b）读者

（c）书库

（d）单位

图 9-41 其它实体的属性设置图

表 9-2 定义"借还书"（Return）属性

序号	Name	Code	Data Type	Domain	M	P	D
1	借还日期	Return_Date	Date	<None>	✓		✓
2	借还标志	Return_ID	C[1]	<None>	✓		✓

表 9-3 定义"读者"（Reader）属性

序号	Name	Code	Data Type	Domain	M	P	D
1	读者号	Reader_No	C[8]	<None>	✓	✓	✓
2	姓名	Reader_Name	VC[10]	<None>	✓		✓
3	证件号	Reader_ID	VC[20]	<None>	✓		✓
4	电话	Reader_Phone	VC[18]	<None>	✓		✓
5	地址	Reader_Address	VC[50]	<None>	✓		✓
6	E-mail	Reader_Email	VC[20]	<None>	✓		✓

表 9-4 定义"书库"（Library）属性

序号	Name	Code	Data Type	Domain	M	P	D
1	架位号	Library_No	C[20]	<None>	✓	✓	✓
2	架位地址	Library_Address	VC[40]	<None>	✓		✓

表 9-5　定义"单位"（Unit）属性

序号	Name	Code	Data Type	Domain	M	P	D
1	单位号	Unit_No	VC[10]	<None>	✓	✓	✓
2	单位地址	Unit_Address	VC[50]	<None>			✓
3	单位电话	Unit_Phone	VC[18]	<None>			✓

❻ 当实体及其属性定义完成后，开始定义实体间的关系。在 Palette 工具栏中选择 Relationship 图标，在相关联两个实体中的一个实体的图形符号上单击左键，拖动鼠标到另外一个实体释放，就可在两个实体之间建立联系，如图 9-42 所示。

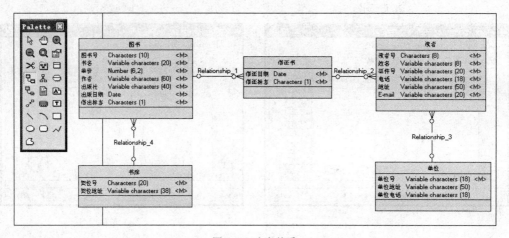

图 9-42　定义关系

基本关系分为一对一、一对多、多对多三种。连线的开叉一端代表多，不开叉的一端代表一，带小圆圈的一端代表可选，即记录可能有也可能没有；带小十字的一端代表强制（必须有记录）。

❼ 双击表示关系的图形符号，可打开关系属性定义窗口，其中的 General 选项卡内容如图 9-43（a）所示。

- Name：关系的名称，可以是中文信息。
- Code：关系的代码，必须是英文。
- Comment：对关系的进一步说明，可以是中文信息，也可以为空。

Cardinalities 选项卡用来填写关系的细节信息，如图 9-43（b）所示。

- Entity1 和 Entity2：两个关联实体的名称。
- One–Many：关系的类型，如一对一、一对多、多对一、多对多等。
- Cardinality：基数，"0,n"表示一个实体可以有 0 到 n 个联系实体；"1,1"表示一个实体必须对应另一个实体。
- Dependent：依赖关系。表示实体所包含的基本信息必须依赖于另一个实体的基本信息。

❽ 系统所有的实体、属性、关系都定义完毕后，单击"确定"按钮返回 CDM 主窗口。

❾ 在 Tools 菜单中单击 Check Model 命令来检查 E-R 图的错误，检查结果分为没有错误、错误和警告三类。有错误必须要改正；警告(例如一个实体有外键而无主键)可以改正也可以不改正；若没有错误，则保存此 E-R 图。至此，"图书信息系统"的概念数据模型（CDM）已经生成。

CDM 模型完成的是系统的概要设计，还需要通过 PDM 模型完成详细设计，并对 CDM 模型中的 E-R 图进行检验和修改。有了 CDM 模型之后，可以利用系统提供的自动转换功能将 CDM 模型转换成 PDM 模型，而不需要重新定义。

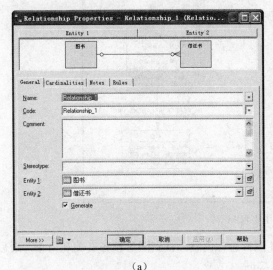

（a）　　　　　　　　　　　　　（b）

图 9-43　关系属性定义窗口

⑩ 选择生成 PDM。在 Tools 菜单中单击 Generate Physical Data Model 命令，打开物理数据模型设置窗口，如图 9-44 所示。

- Generate Physical Data Model：选中此项，表示生成新的物理数据概念模型。
- DBMS：选择数据库类型。例如，选择 Sybase AS Anywheres。
- Name：物理数据模型的名称，例如"图书信息系统物理数据模型"。
- Code：物理数据模型的代码，例如"tsgl_pdm"。

图 9-44　物理数据模型设置窗口

在 Detail 选项卡中，可以进行物理数据模型的细节属性设置。

在 Selection 选项卡中，可以选择概念数据模型中已定义的实体。

选择完毕后，单击"确定"按钮，开始生成物理数据模型，如图 9-45 所示。

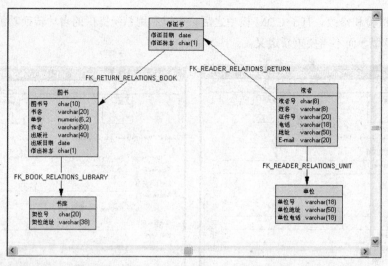

图 9-45   生成 PDM

可以利用鼠标拖动实体框和关联线，对 PDM 图形进行调整，直到图形整齐、美观为止，最后进行保存。从图上可见，PDM 与物理建表已经很接近。

此外，可以通过在 File 菜单中单击 New…命令，在打开的窗口中选择 Multi-Model Report 选项，来生成并打印 CDM 或 PDM 的各类文档资料。

9.3.2   PowerDesigner 建模实例

【实训目的】

进一步了解、掌握 PowerDesigner 的主要功能和使用方法。

（1）熟悉 CDM 的主要设计元素和设计过程。

（2）熟悉模型转换工具的使用。

（3）熟悉 PDM 的主要设计元素和设计过程。

【实训内容】

设计学生住宿管理的 CDM、PDM。

1. 学生管理

（1）建立班级、院、专业 CDM、PDM 模型。

（2）建立学生信息 CDM、PDM 模型，包括学号、姓名、院、专业、性别、年级、班级、出生年月、籍贯、住宿费、押金、录入日期及宿舍编号等内容。

2. 宿舍管理

建立宿舍信息 CDM、PDM 模型，包括宿舍编号、宿舍名称、宿舍电话、应住人数、录入日期等栏目。

3. 在学生管理、宿舍管理、班级、院、专业实体（或表）之间建立联系。

通过已建立的模型，建立学生管理、宿舍管理、班级、院、专业实体（或表）之间的联系。

【实训步骤】

❶ 进入 PowerDesigner 的 CDM 设计界面，了解 CDM 的主要设计元素和设计过程。

❷ 分析住宿管理的需求，分析其中应含有的实体及其属性，建立实体联系，设计住宿管理的 CDM。根据要求，运用 CASE 工具 PowerDesigner 制作的学生住宿管理的 CDM 如图 9-46 所示。

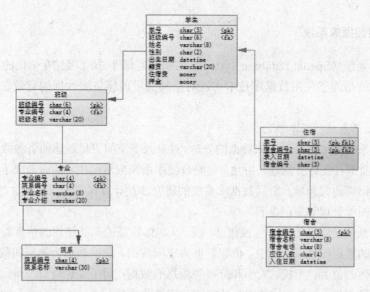

图 9-46　学生住宿管理的 CDM 图

❸ 检测 CDM，并进行模型转换。转换物理模型，学生宿舍管理的 PDM 如图 9-47 所示。

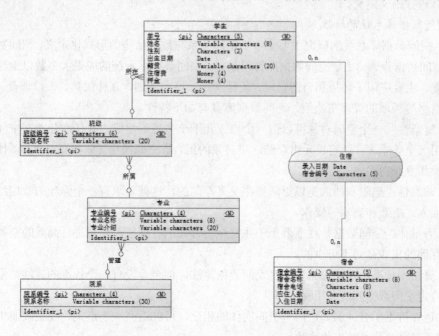

图 9-47　转化后的 PDM 图

【知识点拨】Access 2010 也提供了建模功能，能方便快速地建立关系数据库中的常用模型。

§9.4　知识拓展——空间数据库系统和移动数据库系统

应用需求是推动应用技术发展的源动力。现在，数据库技术已被广泛应用到许多特定领域中，使数据库领域新的技术内容层出不穷。如空间数据库、移动数据库、工程数据库、统计数据库、时态数据库、嵌入式数据库等。因篇幅限制，下面简要介绍空间数据库和移动数据库的基本概念。

9.4.1　空间数据库系统

空间数据库系统（Spatial Database System）的研究起源于 20 世纪 70 年代的地图制图与遥感图像领域，其目的是为了利用数据库技术实现对空间卫星遥感资源数据的有效表示、存储、检索和管理。

1.　空间数据库系统的基本概念

传统数据库系统主要用于对表格数据的处理，对来源于空间卫星遥感的资源数据在表示、存储、检索、管理等方面都存在许多问题。由此，空间数据库系统应运而生，从而形成了空间数据库系统这个多学科的数据库研究领域。空间数据库系统的研究涉及计算机科学、地理学、地图制图学、摄影测量、遥感和图像处理等多门学科。

空间数据库系统是以描述空间位置和点、线、面、体特征的拓扑结构的位置数据及其特征性能属性数据为对象的数据库系统。其中，位置数据为空间数据，属性数据为非空间数据，空间数据是用于表示空间物体的位置、形状、大小和分布等信息的数据，用于描述所有二维、三维和多维分布的关于区域的信息，它不仅具有物体本身的空间位置及状态的信息，还具有表示物体的空间关系的信息。非空间信息包含表示专题属性和质量描述的数据，用于表示物体的本质特征，以区别地理实体，对物体进行语义定义。

2.　空间数据库系统的特性

目前，空间数据库系统的研究主要集中于空间关系与数据结构的形式化定义、空间数据的表示与组织、空间数据查询语言、空间数据库管理系统。空间数据库系统的成果大多数以地理信息系统的形式出现，主要应用于环境和资源管理、土地利用、城市规划、森林保护、人口调查、交通、税收、商业网络等领域的管理与决策。空间数据库具有如下特性。

（1）复杂性：一个空间对象可以由一个点或几千个多边形组成，并任意分布在空间中。通常不太可能用一个关系表，以定长元组存储这类对象的集合。空间操作（如相交、合并）比标准的关系数据库操作复杂得多。

（2）动态性：删除和插入是以更新操作交叉存储的，这就要求有一个强壮的数据结构完成对象频繁的插入、更新和删除等操作。

（3）海量化：空间数据往往需要上千兆甚至上万兆的存储量，要想进行高效的空间操作，二级和三级存储的集成是必不可少的。

（4）算法不标准：尽管提出了许多空间数据算法，但至今没有一个标准的算法，空间算法严重依赖于特定空间数据库的应用程序。

（5）运算符不闭合：例如，两个空间实体的相交，可能返回一个点集、线集或面集。

3.　空间数据库系统的查询方法

空间数据库是描述、存储和处理空间数据及其属性的数据库，它不仅包括物理本身的空间位置及状态信息，还包括表示物理空间关系的信息。空间数据库系统不仅要支持传统的数据查询，而且要支持基于空间关系的查询。为此要解决好空间数据的存储和组织，建立合适的索引结构等。空间数据的查询主要有以下 3 种。

（1）临近查询：是指找出特定位置附近的对象所做的查询，如找出最近的餐馆。

（2）区域查询：是指找出部分或全部位于指定区域内的对象所做的查询，如找出城市中某个区的所有医院。

（3）区域交和并的查询：是指按给出区域信息进行查询，如年降雨量和人口密度，要求查询所有年降雨量低且人口密度高的区域。

4. 空间数据库系统的实现

空间数据库系统是支持空间数据管理，面向地理信息系统、制图、遥感、摄影测量、测绘和计算机图形学等学科的数据库系统。空间数据库的结构可分为两类：矢量和栅格形式。矢量表示与图形要素的常规表示一致，具有数据量小、精度高、图形操作处理复杂的特点。而栅格形式的数据是电子设备获取数据和显示数据的原始形式。基于栅格的图形处理操作较易实现，图形精度与像素分辨率有关，分辨率高则数据量增大。为解决精度和数据量的矛盾，已提出并研究了多种数据结构，如四分树（Quad Tree）及其变种，以及各种压缩方法。

9.4.2　移动数据库系统

随着移动通信技术的迅速发展，地面无线网络、卫星网络覆盖全球，移动互联网技术与协议也相应地发展，这为移动计算环境的形成创造了条件，移动数据库系统（Mobile Database System）应运而生。

移动数据库是移动计算环境中的分布式数据库，其数据在物理上分散而在逻辑上集中，它涉及数据库技术、分布式计算技术、移动通信技术等多个学科领域。

1. 移动数据库系统的结构组成

移动数据库系统是建立在移动计算环境之上的，其逻辑结构如图 9-48 所示。其中：服务器带一个本地数据库，与可靠高速互联网相连，构成传统分布数据库的一部分，也可能存在移动服务器。

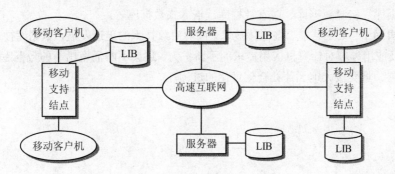

图 9-48　移动数据库系统模型

2. 移动数据库系统的功能特点

移动数据库系统包括两层含义：用户可以存取后台数据库或其副本，也可以带着后台数据库的副本移动。与分布式数据库系统相比，移动数据库系统具有如下特点。

（1）移动性与位置相关性：移动数据库系统可在无线通信单元内及单元间自由移动，而且在移动的同时仍可能保持通信连接。此外，应用程序及数据查询都可能是位置相关的。

（2）网络条件的多样性：在整个移动计算空间中，不同时间和地点连网条件相差很大，移动数据库系统应具有良好的灵活性，提供多种运行方式和资源优化方式，以适应网络条件变化。

（3）资源的有限性：移动设备中的电池是有限的，通常只能维持几个小时。此外，由于移动设备受通信带宽、存储容量、处理能力等的限制，移动数据库系统必须充分考虑这些限制，在查询优化、事务处理、存储管理等环节提高资源的利用效率。

（4）系统的安全性和可靠性较差：由于移动计算平台可以远程访问系统资源，从而带来新的不安全因素。此外，移动主机遗失、失窃等现象也容易发生，因此移动数据库系统应提供比普通数据库系统更强的安全机制。

（5）频繁的断接性：移动数据库与固定网络之间经常处于主动或被动断接状态，要求数据库系统中的事务在断接情况下能继续运行或自动进入休眠状态，不会因网络断接而撤销。

（6）网络通信的非对称性：上行链路的通信代价和下行链路有很大差异，要求在移动数据库系统的实现中充分考虑到这种差异，采用合适的方式（如数据广播）传递数据。

（7）系统规模庞大：在移动计算环境下，用户规模要比常规网络环境庞大得多，采用普通的处理方法将导致移动数据库系统的效率十分低下，必须采用高效的管理方式。

3．移动数据库系统的性能要求

移动数据库系统是在移动状态工作的，因此，对移动数据库的管理应达到以下性能要求。

（1）移动性：允许移动结点在网络断接时进行数据库的读写。

（2）串行性：事务处理满足单副本可串行性。

（3）收敛性：提供一定的机制以保证系统收敛于一致性状态。

（4）伸缩性：保证读写操作的高可用性，在结点或副本数目以及工作负荷增加时，不会引起性能的急剧下降，同时保持系统的稳定。

应用需求是推动应用技术发展的源动力。现在，数据库技术已被广泛应用到许多特定领域中，随着计算机科学技术的飞速发展，适应不同需求的数据库系统层出不穷。目前已形成的数据库，除了前面所介绍的面向对象数据库、分布式数据库、并行数据库、数据仓库、数据挖掘、知识库系统、专家数据库、主动数据库、模糊数据库、空间数据库、移动数据库之外，还有工程数据库、联邦数据库、统计数据库、实时数据库、时态数据库、嵌入式数据库等。

随着计算机网络、人工智能、多媒体技术、面向对象技术的迅速发展，数据库技术领域研究的不断深入，以及应用领域对计算机应用需求的不断扩大，还会不断涌现出新的数据库系统。数据库技术的迅速发展，将会极大地加速社会信息化的进程。